前言　用最少努力，達到最大成果

你總是到了夜深人靜時才完成工作，明明完全沒有偷懶，也用盡全力處理了，但每次回過神來，時間總是不夠用。過慣了被工作追著跑的日子，卻也沒得到周遭人們的賞識。上司雖然說過盡量不要加班，但其實真的很少機會能夠準時下班。

雖然隱約覺得「必須好好加油」，但也沒什麼閒暇時間找回對工作熱情與動能，更何況一直以來，自己也不追求什麼特別華麗亮眼的資歷。而且回到家之後，還是想做些平常喜歡做的事……。

我從前過的就是這種上班族生活，所以深深明白，要加班才得以處理完工作的最大原因之一，不是因為你能力差，只是沒有找到更簡單的做法而已。另外，你之所以總是被工作追著跑，不是因為沒幹勁，而是因為各種資源（時間、集中力、精力）終究是有限的。

英文有句俚語說道：「假如你手上只有槌子，那麼所有東西看起來都會像釘子※。」這句話指的是，假設一個人知道的方法有限、過度執著於固有概念，或者過去的成功經驗，遇到事情全部想用同一種方法（槌子）來解決，就無法釐清問題的本質。

要是一個人只以做完眼前的工作為目的，將很難成就本來應該追求的目標。這種把手段當成目的，以結論為前提採取的行動稱作「確認偏誤（confirmation bias）」。

「確認偏誤」是一種把預定好的結論（既有信念）當成最終目的，並採取行動的現象。在無意識之間，你習慣了被工作追著跑的生活，距離原本的目標越來越遠，不知不覺，完成工作成了唯一的目標，甚至產生達成這個目標的充實感。但回過神來，又陷入無止盡的加班中……。

想從這種「加班泥沼」中脫身，其實有一些「以最低限度努力，脫離現狀的

※作者註：以「需求層次理論」聞名的美國知名心理學家亞伯拉罕・馬斯洛（Abraham Harold Maslow）在著作《科學心理學》（*The Psychology of Science*）中所提及的內容。

方法」。那就是前五％的菁英員工（以下簡稱為菁英）具體實踐的時間術。這種時間術也同樣適用於九五％的一般員工（以下簡稱為一般員工）身上。

在仿效菁英時間術的二．二萬人當中，有八九％的人回答「確實能以更短的時間達到更好的績效」。

我過去曾任職於微軟，後來為了創立提升業務效率、改善學習方法的企業而辭去原本的工作。我的公司——Cross River至今已支援八百家以上的企業及團體強化生產力，並協助近十七萬名的上班族提升業務效率。Cross River的工作人員，包括我自己，都是以週休三日為前提，提供客戶相關協助，因為縮短工時本身就是我們的目標。

Cross River從合作過的企業及團體中，找出工作表現優秀的員工，並獲得各家企業的管理層協助，深入分析這些在人事評價中只占五％，最頂尖的菁英們採取了哪些行動。這些菁英的共同點，以及和其他九五％一般員工的差異，都整理在前作《AI分析，前5％菁英的做事習慣》（大是文化出版）中，而前作出

版後意外廣獲好評，再刷超過十四次，甚至促成海外翻譯出版的契機。

緊接著，針對在新冠疫情中仍能維持良好績效的領導者們，我也整理出他們常採取的行動與習慣，並撰寫成《共感團隊》（木馬文化出版），於二〇二一年出版，上市後兩週內，就獲得銷售三萬本的成績，榮登日本暢銷書排行榜。

但是，我並沒有因為銷量而得到滿足。畢竟我書寫的目的，是希望有更多人採取正確的行動方針，所以我會在本書中再次強調下面這項重點。

本書的目的，不是讓你「單純知道」，而是讓你「成功辦到」。

書中以「時間術」為主軸，而且實踐度比前兩本著作《AI分析，前5％菁英的做事習慣》和《共感團隊》更高，將內容聚焦在可複製化的方法同時，致力於降低執行的門檻。

目標不用放在非成功不可，只需要稍微改變一下行動模式就夠了。

這麼一來，便能透過最低限度的努力，逃離加班的泥沼。

希望各位實際嘗試之後，體會一下「效果好到超乎預期！」的感受，那正是你意識產生轉變的瞬間。

要改變一個人的意識，往往要花費五年、甚至十年的時間。

所以先從改變自己的行動開始吧。在意識自然產生轉變之後，才能捨棄不必要的程序，傾全力在最重要的事情上，做出一定成果。一旦有了成果，不論在公司內外，你都能擁有更廣泛的選擇餘裕。

希望本書能幫助更多讀者脫離加班泥沼，讓工作不再是一件苦差事。

越川慎司

二〇二二年五月

5%一流人才的超效時間術　目次

第3章

95%的人不知道，意外卻有效的菁英時間術

第4章 「ABC按鈕」和加班說再見

第5章

脫離加班地獄的「ABC按鈕」——實踐篇

第6章

明天起準時下班的「ABC按鈕」——個人篇

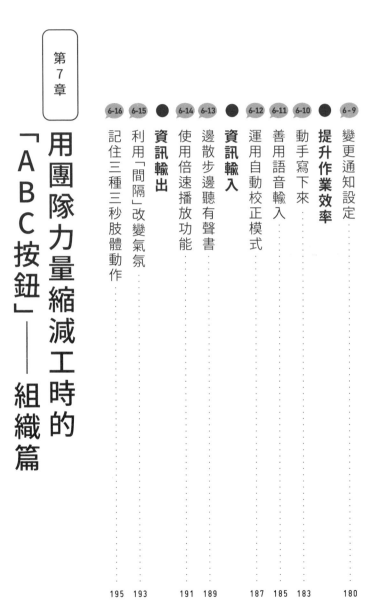

第7章

用團隊力量縮減工時的「ABC按鈕」——組織篇

第1章

爲什麼24小時完全不夠用？

1-1 95%上班族中，有94%覺得「時間不夠用」

為什麼一般員工加再多班也看不出績效？又為什麼有五%的菁英，即使不加班也能拿出亮眼的成果？本章會藉由問卷調查結果，一窺兩者之間的關鍵差異。

在日本現行的勞動基準法中，原則上規定員工一天不得工作超過八小時，單週總工時不能超過四十小時。除此之外的勞動，會被視作延長工時，企業必須支付加班費給員工。

根據問卷調查顯示，一般員工中約有九四%，針對加班的原因都回答：「時間不夠用」。但這裡的意思不是指「勞動基準法規定的勞動時間不夠用」，而是**「再怎麼加班，該做的工作都做不完」**，**換句話說「感覺」時間不夠用**。好像即使留在公司加班，下一個需要加班的工作又會接踵而來，陷入無限輪迴之中。

我將這種狀態稱為「加班泥沼」。從前述的問卷調查結果中可得知，**深受「加班泥沼」所苦的上班族竟高達九四%**。

另一方面，回答「時間不夠用」的菁英有三七%，比率不到一般員工的一半。

95%一般員工與5%菁英的問卷調查結果

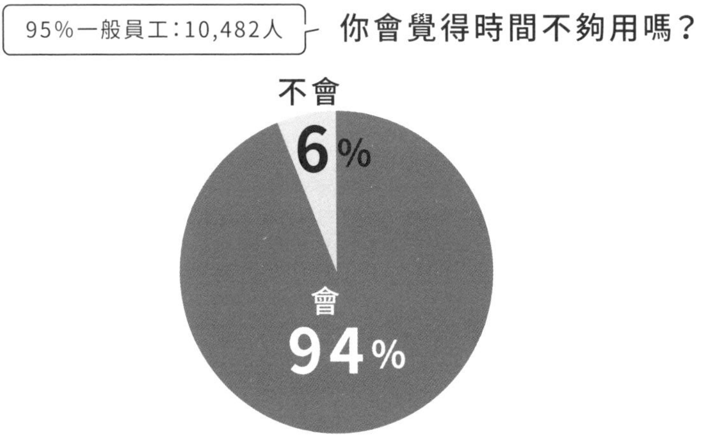

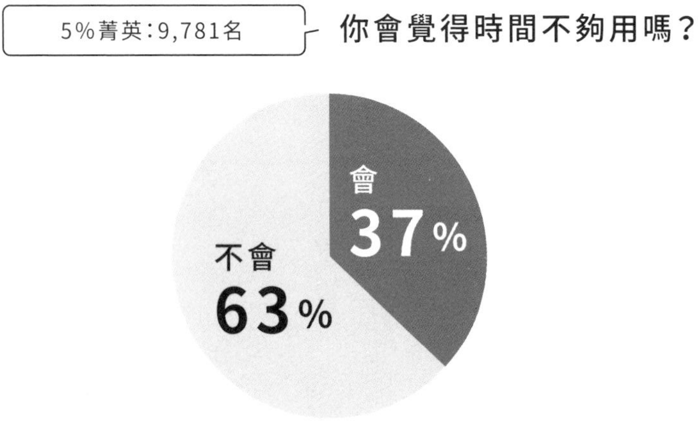

五％的菁英都很明白一個道理「**時間是有限的**」。因為他們認為要在「短時間內獲得最大績效（＝More with Less）」，所以自然而然地接受工時要有所限制的概念。在這樣的前提之下，使得菁英比其他人更執著於做出績效成果。

此外，菁英通常很樂於接受新挑戰，會主動去做各種不同的嘗試。

不過，他們並非單純投入另一個全新領域，而是先決定「應執行任務」，捨棄掉沒必要的任後後，才會投身新的項目。他們十分清楚，要活用有限的時間開始做一件事，就必須有所取捨才行。

另一方面，一般員工光是處理份內的工作就力有未逮了，大多沒有可以「放棄哪些任務」的選擇空間。假如只是不斷被動接受交辦下來的工作，疏於安排先後順序，時間不夠用也是理所當然的。

順帶一提，一般員工會感覺「時間不夠用」的日子，大多集中在週三和週四，而菁英則是集中在週五和週一。由於休六日的上班族相對較多，以雙方特徵來區分，相當於「一般員工在小週末（週三）會感覺時間不夠用」以及「菁英在假日前後會感覺時間不夠用」兩種。

為什麼兩者之間會有這樣的差異？這點無法光憑訪談得到答案，但透過ＡＩ（Emotion API）進行定點觀測的影像分析後，倒是尋獲了一些可能的原因。

我們鎖定一般員工和菁英的表情，透過ＡＩ進行影像分析後，大致可以將員工的情感區分成八種類型。從中可發現，**菁英在回答「沒有時間」的當下，會呈現出正向情緒；而一般員工在回答「沒有時間」的當下，則會呈現出某種悲壯感，有時甚至會流露出憤慨或負面情緒。**

得到這個分析結果之後，我們再度訪談菁英，詢問：「你會把時間不夠用這件事往好處想嗎？」結果，竟然有五三％、超過半數的菁英回答：「我會積極看待這件事。」其原因包括「有很多想做的事，很好啊」「必須完成的工作很多，是深受他人認同的證明」等……各種自我肯定感偏高的發言。

要正向看待有限的時間，在工作中提升自我肯定感？

還是要心懷不平，每天被時間和工作追著跑？

光是看待時間的觀點差異，便足以改變行動與結果。

1-2

95%上班族中，有74%反對「強制性的不加班」

在日本的勞動改革法案上路之後，終止了超長工時的問題。由於超過加班時數上限的企業將受到罰鍰處分，各企業的人事部因而竭力減少加班狀況發生。

不過，工作沒做完也無法就這樣回家。因為沒做完該做的事，就不可能達成績效目標。

因此，我們以「是否贊成以減少加班為目標的改革」為題，向一般員工進行了問卷調查。結果有七四％的人表示，反對以減少加班為目標的勞動法案。

令人意外的是，這種傾向在二十歲左右的年輕人身上特別明顯，二十幾歲的族群當中，竟有七七％表示反對。

當我們調查背後的原因，只有一二％的人回答「因為想賺加班費」。這些常被視為隱憂、企圖透過加班「來盡量增加收入」的人，其實比預料中來得少。

95%一般員工的問卷調查結果

95%一般員工：3.2萬名

以減少加班為目標的「勞動改革法」，你是贊成或反對？

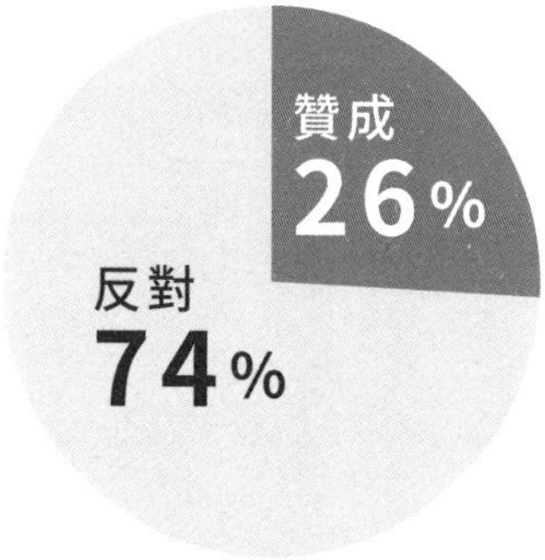

大多數的人都回答「**純粹因為工作做不完**」。當中甚至還有不少人覺得，工作明明做不完，卻還要求準時下班，是一件極度不合理的事情。

不過，最多的回答則是「**想藉此增加工作歷練**」。這樣回答的人似乎認為，沒有成長的空間，就沒有機會負責重要的企畫案，或是承擔責任更大的職務。

近年來，員工「一輩子都待在同一家公司」的企業忠誠度逐漸降低，表示「**想磨練適用於公司內外的工作技巧**」的人遠超乎預期，這

也是反對禁止加班的員工比例高達七四%的原因。

在一連串的調查中，我們發現要求企業減少加班的勞動改革法，其實對員工士氣造成了不小的打擊。

當然，超時勞動是應該矯正的陋習，但在工作做不完的情況下，也很難放心回家休息。此外，強制減少加班時間，也變相剝奪了員工提升工作經驗、技能的機會，產生這種危機意識的上班族比想像中要來得多。

我想，上班族要努力的方向，**不是強制縮短勞動時間，而是盡量減少不必要的工作，將多出的時間用來提升資歷，或是充實私人時間**。

日本「勞動方式改革」實施至今已超過七年（截至二〇二二年為止），我們真正應該做的事，難道不是趁現在學習未來必要的技能，親身實行「學習方式改革」嗎？

1-3 95%上班族中，有67%覺得「加班大多是上司的錯」

在社群網路推特（Twitter）上，四散著許多人對上司的抱怨內容。而有六七%的一般員工被問及：「你認為加班變多的原因是誰造成的？」時，都回答「上司」。

為了抒發情緒，匿名上網說些自己心中的不平不滿，我認為挺合理的。只不過，這種做法有助於提升工作效率嗎？答案是否定的。

高績效的頂尖員工，會將精神投注在自己能掌控的領域。因此，**他們會覺得無法自制地抱怨上司的行為，是一種「浪費力氣」的表現**。

另一方面，日本近年來推動職權騷擾法，以及遠距工作（無法面對面管理部屬）等影響之下，主管職對職員的態度往往變得太過小心翼翼。

我在前作《共感團隊》中也有提到，假如上司和部屬之間的態度過度謹慎，

95%一般員工的問卷調查結果

95%一般員工：3.2萬名

你認為加班變多的原因是誰造成的？

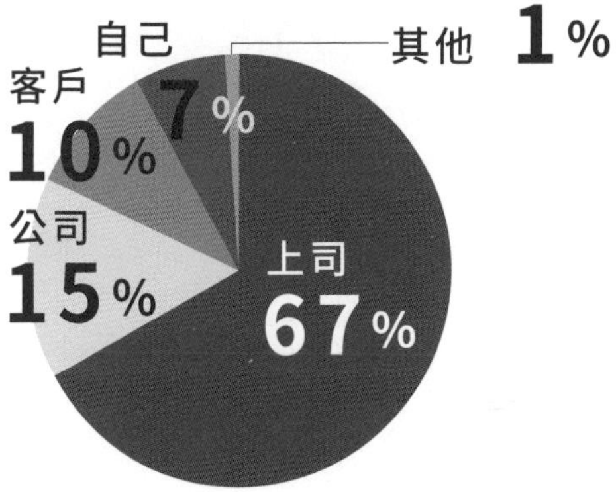

會對整個團隊的工作效率產生相當負面的影響。

從節省時間的觀點看來，這種過度謹慎的相處模式不太理想。**過度小心翼翼的人際關係，不僅讓人無法充分發揮影響力，也會降低團隊的業務處理能力。**

令人意外的是，前五%的菁英之中，不擅長社交的人其實不在少數。但他們也都了解，假如與人往來太過謹慎會拉低工作效率，故而會設法「創造與他人的共同點」。

比方說，在線上會議的開頭不忘閒聊幾句、在走廊遇到同事時大

聲打招呼，或是不經意地向別人搭話，主動建立良好的關係。

菁英也不會把人際關係限定在自己的團隊之內，他們也會跟不同部門的人共進午餐，或是以觀察員的身分參加其他部門的定期會議。

進一步詢問之下，我們發現菁英談話時，嘴角往往會略微提高兩公分，也會透過增加點頭或應聲的次數來「緩解對方的緊張感」。

他們**從平日便藉由這些看似不經意的溝通中，一步一腳印地牽起工作上的人際網絡**。確實，能輕鬆搭話的人一多，交辦工作時的執行難度也會降低許多。

這些小小的行動，將人與人之間的偶然相遇轉換為必然，進而增加能夠提供援助的名單，這就是菁英經營人脈的技巧。

1-4

95%上班族中，有53%認爲「先提升效率再談成效」

「工作上，你比較重視成效還是效率？」對於這個問題，有五三%的一般員工都回答：「比較重視效率」。換句話說，有過半數的一般員工將效率視作第一優先。

確實，如果以不加班為前提，員工多少會產生「我得趕快把工作做完！」的心理壓力。再加上從目前的社會氣氛來看，不會把辛苦工作到深夜視為加分表現，才有越來越多人把減少加班時間和成就感劃上等號。

不過，說得極端一點，只重視效率是本末倒置的行為。因為**若是把效率用在不做也行的項目上，對拿出成果根本毫無幫助**。假如一味追求效率，卻沒有集中心力處理重要度較高的工作，就無法達成原訂目標，離成果越來越遠。

95%一般員工的問卷調查結果

95%一般員工：3.2萬名

在工作上，你比較重視哪一方？

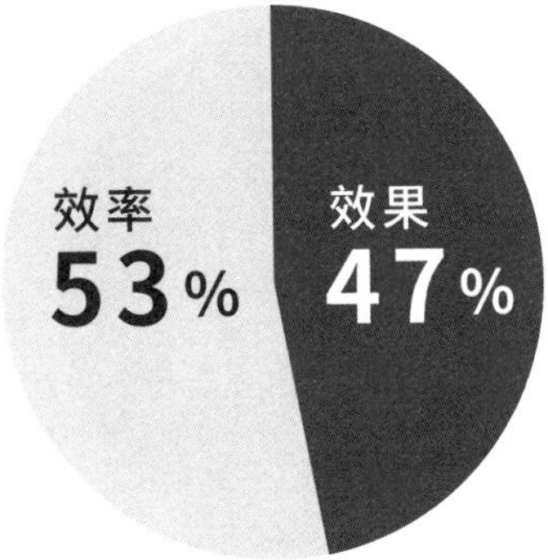

至於五%的菁英，這類人普遍對於「效率」一詞有所質疑，並表示「不是任何事都在最短時間內做完就好」。我原本以為菁英支持效率至上，結果卻是「效果優先」。

回答工作上「重視效率」的菁英，竟然只有二一%。我們進一步詢問原因，結果最常出現的詞句是「目標、達成和意義」。

透過AI（文字探勘）分析，發現「目標」跟「達成」這兩個詞的使用頻率差不多，而在「意義」之前，大多會出現否定的詞句。

從結論而言，回答次數最多的內容就是**「工作目標必須夠明確，**

5%菁英的問卷調查結果

5%菁英：9,781名

在工作上，你比較重視哪一方？

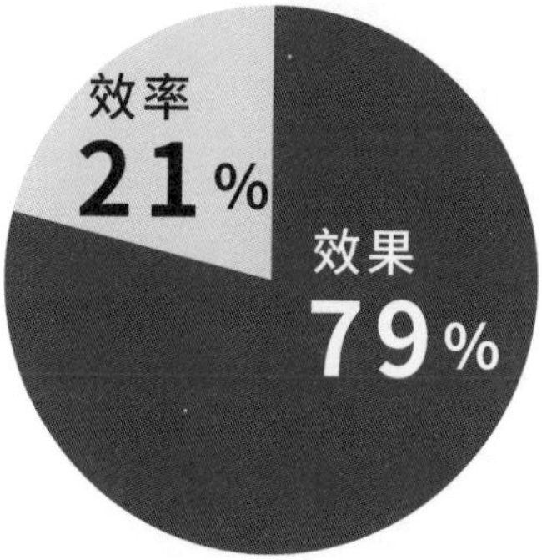

否則再有效率也不具任何意義。」

舉例來說，就是一心想趕快登頂卻沒先掌握好路徑，橫衝直撞亂爬之下，自然無法順利抵達山頂。

五%的菁英覺得，只重視效率的行為會帶來更高的風險。而菁英普遍能快速跨出第一步，並具備高度的執行力，但也格外重視第一步是否為基於「明確目標」而採取的行動，並深知「缺乏明確目標」的危險性。

最有效率的工作執行技巧，充其量是作出成果的過程，而非目標本身。菁英的想法，也充分反映在

自己的私人活動上。例如，在閱讀工作術的相關書籍時，若發現內容跟自己的目標沒有連結，就會快速地翻閱過去。

對菁英而言，提升效率只是一種「手段」。假如將其視為工作目的，就容易忽略原本應該達成的目標，陷入效率高卻遲遲無法登頂的惡性循環。

1-5

95%上班族中，有45%覺得「只要努力，總有辦法解決」

至今仍有很多上班族認為「努力是一種美德，企圖不勞而獲的人很狡猾」。

在一項以上班族為對象的十七萬份問卷調查中，有不少人提及「再努力也得不到回報」「有人不努力照樣成功」之類的回饋。另外，也有高達四成員工，因為覺得自己付出努力卻沒得到應有評價，而不認同公司的人事評價制度。

以長期趨勢來看，成果主義不僅成為社會主流，歐美企業的職位評價制度（job evaluation）也逐漸獲得多數企業採用。而在「結果大於過程」「成果大於能力」的企業環境下，現在已經很難單憑「努力」來得到良好的評價了。

為了目標拚命努力本身沒有錯，若說沒達成目標等於沒努力的話也太武斷。然而，努力只是過程的一部份。嚴格來說，錯誤的努力得到負面評價也是理所當然。

95%一般員工的問卷調查結果

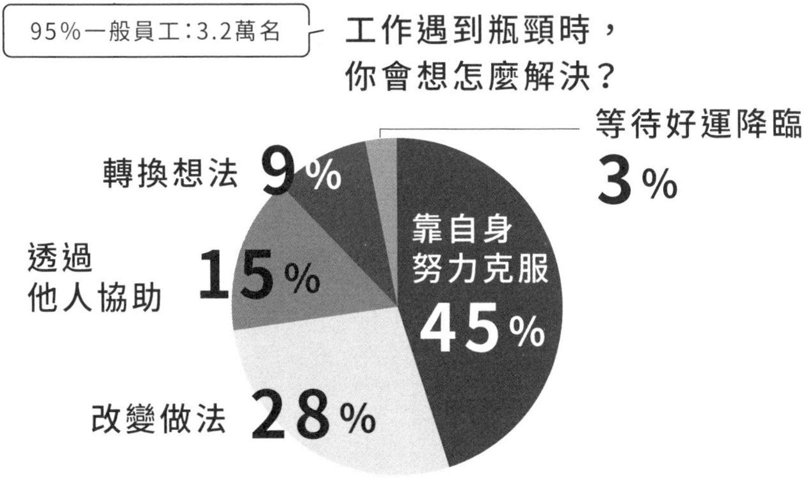

事實上，有很多一般員工會在沒達成理想的績效時，刻意強調自己在過程中付出的努力。根據問卷調查，三．二萬名的一般員工中，有將近半數的人回答遭遇工作瓶頸時，會試著靠「自身努力」來克服難題。

在高度經濟成長期，只要不斷熬夜，展現出努力的模樣，就會被公司視為有高度的忠誠心，或者受到身旁同事的同情，相較下比較容易得到一定程度的評價。

不過如今唯有在有限時間內，精明地做出成績的人才能獲得好評，一味展現自己有多努力，只會

突顯績效不佳的事實。

「要是不如預期順利，靠努力就能解決」這種只憑毅力和體力向前衝的工作方式，只在年輕人身上行得通。跟時間一樣，青春是有限的，將努力和體力視為解決手段，很難長期維持下去。

我自己也曾在工作經驗不足時，大幅縮短睡眠時間，只靠體力和努力撐下去，但結果卻因為壓力太大，罹患了精神疾病。

「努力乍看之下是一種積極的表現，但要小心自己是否過度美化了這種行為」聽到前五%的頂尖菁英說出這句時，我感到一股強烈的衝擊。

儘管當年的自己用盡全力來度過難關，但一想到「這種情況會一直持續下去」時，就感到難以忍受，身心達到超額極限的狀態了。

反過來想，要是不努力也能完成工作就好了。而第四章介紹的前五%菁英的「切換鈕B」模式（參考P.99）時間術，則提供了不少好方法。

即使你既沒體力，也少了努力的心情，只要建立一套能讓工作自行完成的規

則化和自動化流程即可。如果你總是想靠努力來解決問題，就很難著手建立一套乍看之下很費事，卻能讓工作自動照規則完成的方法。

請務必善加利用本書，擺脫單憑體力決勝負的做事方式，改為採取最低限度的努力，用規則架構來讓工作自行完成的方法。

第2章

那些你以爲有效，實際上無效的時間術

2-1

時間都花在寫報告或將日常業務視覺化？

別相信「十分的管理，能做出十分的成果」

我為了前作《共感團隊》進行相關調查時，發現擔任中間管理職的人實在非常辛苦。他們為了減少部屬的加班時間，而承接了大幅增加自身工時的工作量。接著又因為新冠疫情，使得遠距工作成為主流，在欠缺相關經驗的情況下，為了管理不在眼前的部屬而勞心費神。

從調查得知，在七百六十一家企業中，有七百二十八家企業會選擇較為活躍的一般員工晉升為管理職。這種人事評價制度普遍認為，在現場勤務表現優秀的人，在管理能力上也會很優秀。

但事實上，現場勤務需要的工作技能，與管理職需要的工作技能是完全不一樣的。

組織的存在，就是為了達成個人所無法成就的遠大目標。

所以1＋1＝2是理所當然，但組織會要求經營幹部達成高於此的績效。比方說，必須在減少員工加班時間的前提下，持續締造更亮眼的成績。**無論遭遇新冠疫情或遠距工作的挑戰，都必須集結部屬的能力，達成1＋1＝3甚至是5的成績，這是現今的領導者必須面臨的現實**。

然而，卻沒有人能指導他們如何去面對或解決這些難題。

特別是對三、四十歲的中間管理職而言，他們剛出社會就遭遇就職冰河期（日本亦稱「失落的一代」）和雷曼兄弟事件，跟其他世代相比，他們深造學習的時間也不夠多。

根據日本產勞綜合研究所針對企業教育研修費的調查，對照內閣府（相當於台灣的行政院）所公布的景氣動向指數，企業投注在教育研修的費用，十分容易受到景氣動向的影響。

在一九九〇年～一九九一年泡沫經濟時期，企業的教育研修費約達四萬日圓，但到了就職冰河期的一九九五年，就下修到三萬五千日圓左右。相關數據直到二〇〇四年都持續低迷，直到二〇〇五～二〇〇八年，才逐漸回升到四萬日圓。

但在二〇〇八年因雷曼兄弟倒閉事件，而引發了全球金融海嘯之後，企業的教育研修費就沒有再超過四萬日圓了。

現今的日本中間管理職，從進公司之後就沒有獲得多少教育投資，在資源最充足的二〇〇五～二〇〇八年，他們也還沒晉升管理職，故而被分配到的教育資源仍屬有限。因此，這些人只能用自己的方法來管理部屬，也就是承襲自過去的經驗和做法。

十幾二十年前，客戶關係與社會結構所必須面臨的課題，沒有現今這麼複雜，成功模式在某種程度上也相當固定。在那個年代，只要沿襲規格化的做法，便能夠做出一定程度的成績。換句話說，只要按照上司或前輩指導的內容去做就行了。

不過，這種做法如今已不適用，所以擔任中間管理職的人必須自己邊摸索邊改善。

舉個實例來說，有越來越多企業為了因應遠距工作需求，而導入各種科技工具，來讓員工將工作內容「視覺化」。導致需要頻繁提交週報或日報等資料內容的企業增加了三九％，但以員工的角度來說，一旦增加了寫報告的時間，會讓生

產力隨之下滑。

進一步調查，有高達八七％的員工，很排斥這種對內彙報工作。其中，有些中間管理職表示，整理週報是最花時間的一項工作。部屬們得花費不少的心力，只求讓上司滿意。

豪不意外的是，根據我們對六、七家企業的實際調查，這種希望看到實質成果的「微觀管理」（micromanagement）**，最終反而招來反效果**。是時候捨棄二十幾年前那種「只要確實管理，就能提升成效」的陳舊想法了。

五％的菁英不會執著於將「業務視覺化」，而是徹底執行「業務共享化」。反觀九五％的一般員工中，大約有七成的人，為了避免自身評價下跌，即使工作進展得不順利，也會設法粉飾太平，但菁英會如實告知遇上了什麼狀況。

他們還會**主動向上司和旁人公布自己的年度或當月行動目標，甚至公開在社群或通訊軟體上**。因為菁英深知「無法單憑個人力量解決太複雜的問題」，以至於在狀況進展得不順利時，會透過共享資訊來尋求外部介入。由於他們也普遍認為「只要達到最終目標即可」，所以才將尋求外部介入視為重要手段。

關於「想學習的技能」調查中，九五％的一般員工中，有七成希望取得關於資訊科技、理財顧問等相關專業證照。

五％的菁英則偏好學習編撰企畫書、人際溝通等，這類有助於讓周遭人們變成自身助力的交流技巧。

在變化劇烈的時代，最需要的是能因應各種事件的同時，還能以敏銳的執行手段拿出成果的人才。

不將徹底管理視為目的本身，而是利用「管理」這個手段，致力於聰明地達成本應列為第一優先的目標。

2-2

你放棄提升效率了嗎？
別認定「工作效率取決於才能」

對於「工作效率好」的定義，其實因人而異。

大多數的上班族，都在努力減少花在寫報告或說明資料的時間。以定量角度來看，用八小時解決了原本要花十小時的工作，就算是「工作效率好」了吧。

然而，五％的菁英不認為這是從本質上省時的做法。

他們了解一旦沉浸在達成小目標的充實感中，就容易忽略原本的目標，所以不認為偏離最終目標的省時有任何價值。假如無法釐清「工作效率」一詞本身的定義，很容易對這種無法帶來最終成果的作業感到充實，造成難以擺脫長時間加班的後果。

菁英將**「工作項目必須目標明確」**視為鐵則。他們會先確認工作項目的必要性，規畫出最低限度的流程後，才開始著手進行。

我們進行訪談時，詢問菁英：「自認工作效率最好的時候？」得到的回答

是：「覺得自己效率最好的時候，就是放棄那些難以做出成果，或是對達成目標沒有太大影響力的工作時。」確實，假設工作項目原本就沒有必要性，儘管從八○%的完成度開始著手，結果也跟什麼都沒有一樣。

菁英傾向採取低風險、低報酬的策略，一點一滴地累積成果。從效率的觀點來看，他們**竭力避免沒必要的事情，不將任何時間花在沒必要的作業上，只將心力投入對目標達成有影響力的工作項目上**。

那麼，我們又該如何學會「分辨具有影響力的工作項目」和「縮短處理必要工作的時間」？

令我感到驚訝的是，九五%的一般員工中，有六七%覺得這取決於「直覺、先天性才能」。換句話說，他們不認為這種能力可以透過後天培養。

直覺與感受，確實是難以複製的能力。不過，無法分辨哪些工作項目足以影響成果，不是因為沒能力，而是因為你不知道方法。

舉例來說，那些占掉六成以上工時的內部會議、資料製作、回信和訊息等雜

務，真的有助於最終成果嗎？

儘管你在處理過程中無從得知答案，但菁英會透過定期的回顧和自省，來確認工作項目和成果是否有關聯，像是**一週反省十五分鐘**。

確認過程中，那些判定為「不重要」的工作，今後就不用再浪費時間和心力去處理了。比方說，那種不重要卻能維繫團隊合作而必須出席的會議，就設法在不引人反感的範圍內，一邊做重要工作一邊參與討論。以生產力低的會議為「輔」，重要度高的工作為「主」，同時執行多項任務。

養成反省的習慣，能磨練出辨識哪些工作無助於得到成果的能力，以及掌握工作節奏。而這個小訣竅，是一種即使你不是前五%的菁英也能辦到的方法。

所以，請定期回顧自己是否在不必要工作上投注了太多時間吧！

2-3

你是有目的的在蒐集資訊嗎？

別急著「蒐集只是看似重要的資訊」

如果你是為了消除不安而行動，時間將永遠不夠用。

當你想著「該好好唸一下書了」而到圖書館啟動電腦，結果卻在社交網站上流連忘返，直到太陽下山……。或者儲存了一堆自認「好像和工作有關」的網路文章，結果到最後都沒有看……。

讀書或蒐集資訊只是一種手段。如果不先決定好「目的、對象、期限」，光是滿足於蒐集資訊的過程並無法達成目標。

像這種積極進取、埋頭蒐集資訊的人大有人在。在調查了兩百八十五家企業，大約一・二萬人的受訪對象中，有六七％的人回答：「為了提高成果而蒐集資訊是『重要』甚至『非常重要』的」。

不過，當我們以前五%的菁英為調查對象，並提出相同問題時，其中僅有二三%的人回答：「為了提高成果而蒐集資訊是『重要』甚至『非常重要』的」。

多數菁英回答蒐集資訊「不重要」的原因是：**每當為了跟上新資訊而進行「搜尋」時，這項作業會剝奪掉不少時間。另一個原因是，就算用Google搜尋，結果也是大家都能查到的資訊，缺乏稀有性**。

雖然你也可以藉由幫他人蒐集資訊，來突顯自己的存在，但那也只是奉上毫無價值、徒增工時的勞動，無法使你擺脫「加班泥沼」。

蒐集資訊僅僅是一種方法。

面對「聰明工作」這個目標，你要做到的是只蒐集最低限度的必要資訊，並將得到的「洞見（Insight）」運用到自己的行動中。

2-4

你會逼自己硬背各種快速鍵嗎？

別以爲「應該背下所有快速鍵」

快速鍵是一種可以幫助人更容易操作電腦的功能。只要使用快速鍵，會比單獨使用滑鼠操作減少一到兩個步驟，得以更有效率地工作。例如複製（Ctrl＋C）和貼上（Ctrl＋V），不就是我們經常使用的快速鍵嗎？

不過，背下快速鍵也只是一種手段。比方說，光是我用來打這份書稿的Word，就有超過兩百個快速鍵。收發郵件的Outlook約有一百五十個，簡報軟體PowerPoint則有多達一百四十個左右的快速鍵。其中有許多快速鍵不用也無所謂，想要全部背下只是浪費時間。

我時常看到一些標榜著類似「背下快速鍵，一年省下三十小時作業時間」的文章，但那只是文章作者本人的經驗，套用在他人身上不一定有相同效果。

也許你會覺得「這本書不也一樣嗎？」但我在書中介紹的都是再現性高的方

法，而且也以九五%的一般員工為對象進行了行為測試（behavioral testing）來證實其效果。儘管每個人會因為環境、能力等條件的不同，無法「完美複製」這些方法，所以才希望你能將書中介紹的技巧，進一步轉變成「對自己有效的方法」並加以實踐。

與其死記硬背，不如多嘗試幾個在工作上對自己有用的快速鍵，然後繼續使用那些派得上用場的。「嘗試」完後，最好製作出一張個人專屬的快速鍵列表。不過，有一點希望各位**務必避免，就是濫讀快速鍵相關的文章及書籍，不進行嘗試只蒐集資訊的行為。**

另外，在一個以四萬五千四百九十四人為對象的行為測試中，我們清楚得知，與其背下大量的快速鍵，不如活用**「使用者造詞※」**功能，反而更能節省時

※編註：以微軟來說，可於螢幕視窗的工作列中，將滑鼠游標移至輸入法上方點選右鍵，即可找到使用者造詞功能。

間。以日文來說，由於需要將「平假名拼音→轉換成漢字」，因此只要這個步驟能夠順利執行，便能大幅度地節省時間。

舉例來說，最新的關鍵字和專業術語通常不會出現在候選字列表上，如果不將這些字詞登錄進使用者造詞中，至少會多出五個步驟。

①在候選字列表中用滾輪尋找→
②若找不到，只好上 Google 搜尋→
③複製在 Google 上找到的結果→
④貼到 Word 上→
⑤調整複製 & 貼上的文字，以符合版面格式。

過程中，**你可以順手將未來可能常用的新詞彙，登錄到使用者造詞清單中**。如果是使用微軟系統（Windows）的話，先複製選取的文字，打開使用者造詞功能的視窗後，於欄位中點滑鼠右鍵，再點選「修改」，便會出現「詞彙編輯」視窗，接著只要貼上複製好的詞彙，進行登錄即可。如果是使用智慧型手機（以下

簡稱為手機）的話，請於設定中找到可增加詞彙的功能即可進行登錄。這樣一來，就能將前面的五個步驟，簡化成一個步驟。

使用者造詞不僅能登錄單字，連文章也可以。例如住家或公司地址、很難記住的公司電話號碼、航空公司的會員編號等，都可以事先登錄在詞庫中，之後就能馬上從候選字列表中找出來。

如前所述，這個方法的效果已藉由行為測試得到證實。比起死命背下快速鍵，養成習慣將難以輸入或容易忘記的資訊登錄在使用者造詞裡，反而能省下更多時間。

2-5

你有被自己的成見要弄過的經驗嗎？

別試圖「用自己的經驗和知識來思考」

有些人會因為毫無根據的成見而不敢採取行動。最近有越來越多人將這種情況稱為「**被偏見誤導**」。所謂的「偏誤」，即是臆想或偏見，它們是導致想法或判斷產生偏頗的原因。

確實，我們很容易因為被過去的經驗或者既有的知識束縛，擅自陷入臆想中。比方說：只看到對方的缺點，卻對優點視而不見的「觀察者偏誤」；只蒐集有利於自己的資訊或能佐證自身成見的證據，卻不肯查找反方訊息的「確認偏誤（confirmation bias）」……等。

很多人因為新冠疫情而首度經歷了遠距工作，但我認為這是造成各種困擾的開端。畢竟一般人很難在家中設置一個完善的工作環境，或者很難在工作跟私人模式之間進行切換。

其中最感到困擾的，就屬負責管理和經營的資深主管了。他們往往欠缺遠距管理的經驗，甚至有許多人不擅長使用線上會議或商業通訊軟體等溝通工具。

此外，這群透過努力和忍耐作風而晉升主管的世代，亦無法真心接受穿居家服輕鬆辦公的方式。進而引發「觀察者偏誤」和「確認偏誤」，動不動從雞蛋裡挑骨頭。

像是遠距辦公時，只不過一兩次聯絡不上下屬，就開始針對「遠距工作會讓人偷懶」這點，逼下屬到公司上班。明明在公司上班時也會有無法馬上回覆訊息，或者穿著上班服放鬆的時候，但他們偏偏看不到這些地方。

然而，因為這類偏誤而難以做出正確判斷的，不僅限於管理職。

「只要認真努力就會被認可」「只要讓大家看到我辛苦工作的樣子，總有一天上司會同情我」「那個人明明報告得很糟糕卻被稱讚，我很難接受」……。這種想法也是戴上了「確認偏誤」與「觀察者偏誤」的有色眼鏡。

另一方面，五%的菁英則以**懷疑「理所當然」為原則**，來避免因為偏誤而做

出錯誤的判斷。**對於自己習以為常的讀書法，或者公司認為應該製作會議紀錄的這類任務，他們都勇於抱持疑問**。多數參與公司業務改善計畫的菁英，尤其會把「公司的常理是社會的不合理」這種想法放在心上。

這些菁英為了「避免偏誤產生」而培養的習慣有三項特徵。

第一項：增加與公司外部人士接觸的機會

舉例來說，在公司外部擁有導師（商量對象）的比例，為一般員工的六倍以上。另外，定期參加NPO（非營利團體）的慈善活動、讀書會或加入跑步社團等，菁英參加公司外部社團的比例，為一般員工的四倍以上。

第二項：活用自省時間

如同前面提到，菁英們習慣每週進行一次十五分鐘的自省（參考2-2）。他們會在自省時，回顧過去一週內花在完成任務的工作時間及其成效。除了藉此找出無關成果的非生產性作業內容，還能反省自己為何當初會決定做該項工作。

一旦能查出當初決定的原因，便能過濾掉執行前持有的「臆想（偏誤）」

了。也就是說，**刻意設定自省時間停下腳步思考，有助於找出工作過程中沒留意到偏誤**。

第三項：批判性思考（critical thinking）

批判性思考是指不仰賴經驗或直覺，透過採納客觀數據，或者第三方視角來排除偏見（主觀性認知）的思考法。向他人傳達某事時，在說明中加入經客觀角度深入考量出來的洞見，除了可以增加對方的認同感，也更容易使對方參與其中。

菁英們一致表示「唯有質疑自己的想法（批判性思考），才能提出正確的問題」。藉由自問「我的說明能說服對方嗎？」「我是否帶著個人偏見製作這份資料？」來嘗試預先做好因應之道。

這些菁英之所以擅長在會議和說明會上臨時答辯，正因為他們懂得透過批判性思考，事先準備好預期的提問及答案。

為了將這些菁英用來避免偏誤的習慣，套用到一般員工身上，我們與三十九

家企業合作，進行了自省時間的行為測試。並且根據前述提到的三項菁英特徵中，選擇實踐上相對容易的**「每週一次十五分鐘自省時間」**，以八萬人為對象，進行了為期五週的實驗。

我們確保參加實驗的一般員工，於每週五保留十五分鐘的自省時間，回顧當週進行的業務內容、各項業務花費的時間，以及其成果。

結果，有許多實驗對象陸續意識到，乍看之下很有用的工作項目，卻與成果毫無關聯。例如「為了開會而開的會議」或「為了自我滿足而製作的複雜圖表」等，一旦明白這些無用的項目平均佔掉每週工時的一一%後，終於決心停下這種業務內容。

在行為測試後的問卷調查中，超過八〇%的實驗對象回答「想要持續自省的習慣」，他們深刻體認到透過反思來消除偏誤、改善行動的重要性。

或許我們無法完全改掉因過去積習而產生的偏頗觀點。不過，只要我們養成避免製造偏誤的習慣，就能降低判斷錯誤的機率。

COLUMN

菁英不刻意學習英語

不斷創造成果的優秀菁英們大多擁有強烈的學習意願，而且切實地掌握了能在公司內外大顯身手的相關技能。

然而，當我們同時針對九五%一般員工和五%菁英進行調查後，發現學英語的菁英並不多。即使有些人是因為曾出國留學、歸國子女或有駐外經驗，但比例與一般員工相差無幾。

從數據來看，「會說英語＝優秀員工」的邏輯似乎不成立。由於我學過中文，所以對這項結果感到好奇，於是另外以「為什麼菁英不學習英語」為主題進行了調查。

結果，我們發現菁英不刻意學習英語有兩大原因。

首先，第一個原因是為了消除妄想。

他們不以使用英語工作為目的，而是將英語視為持續創造成果的手段之一。

為此，他們試圖擺脫「如果多益（TOEIC）取得高分，就能在外資企業大顯

身手」這類偏離目標的妄想。

有一些菁英提到「不說英語不代表沒有語言能力，一方面是羞於開口說，一方面是內心感到抗拒。」為了消除心理上的抗拒感，他們認為「與其為了考多益而學習，不如在公司內外增加與亞洲人用英語交談的機會」。

如果是跟母語為英文的美國人或英國人交談，會增加心理上的抗拒感，所以他們會製造機會到菲律賓、香港或新加坡工作，與同樣將英語列為第二外語的亞洲人，例用午餐等場合進行交談。這樣一來，既能跨越心理障礙，又能透過表達自己的想法，提升自我肯定感、增強自信心。

菁英把學習的本質理解為「適應變化」。遵循「熟能生巧」的學習方法，除了進行輸入式的「學習」，也會記得要為了「習慣（熟能生巧）」而進行輸出。

第二個原因，是他們預期自動翻譯科技的發展。

菁英樂見於科技發展，因而盡量不浪費時間透過讀書等方式，來學習今後能輕易取得的未來資訊。

正如現在學習算盤的人，與過去相比減少了許多，所以他們「不去學今後會

被新科技取代的事物」。自動翻譯技術日新月異，例如Zoom（雲端視訊會議）在過去幾年中，已經推出了能夠自動翻譯發言的服務。我自己也切身感受到微軟和Google擴充套件中，自動翻譯程式逐月提升的準確度。

很多菁英早已預見，人工智能（AI）操作語言的能力會加速發展。即使外語溝通不會馬上被人工智能取代，但他們已考量到「或許不必花大量時間來學會外語」，進而做出「現在不學也可以」的判斷。

當投入學習外語的時間減少，菁英轉而把力氣投入「磨練寫作能力」上。由於商務通訊已成為常態，為了不耽誤合作對象的時間，有必要學會「簡單扼要地傳達正確訊息」。目的是避免長篇大論，而是以短句來做正確表達。

另外，菁英也認為如果無法用母語進行有邏輯的溝通，那麼就算會說英語也很難有效傳達訊息給外國人。

人無法百分之百預測未來，但正如計算機取代了算盤、計程車取代了馬車一樣，未來仍會不停變化。雖然不知道這個變化何時會加速，至少能去做預測。菁英會去預測未來的變化，然後回頭思考「當下該做什麼」，並採取行動。

第3章

95%的人不知道，意外卻有效的菁英時間術

3-1

一般認爲「肚子餓了就無法專心」，但菁英……

不在午餐時段進食

我們在分析員工的出勤行為時，發現好幾位菁英會將午餐「省略掉」。雖然人數不算多，卻有將近一七．二％的菁英不在午餐時段進食；一般員工之中，午餐時段不進食的比例僅為一．八％。相比之下，**不吃午餐的菁英人數大約是後者的十倍**。

因為很好奇他們為什麼不吃午餐，我們進行了相關調查。結果顯示，他們並非單純地埋頭工作，而是利用時間採取某種行為模式。

那就是**「高效午睡（power nap）」**和**「分散補充能量」**。

由於這類菁英會確保充足的睡眠時間，所以我們進一步詢問：「為什麼仍然覺得午睡有其必要？」得到的回答大多是「為了在午後決勝負而蓄備體力」。他們認為午前的三小時很容易保持專注，相比之下，午後的五小時則難以保持專注

和持續的行動。

他們還提到自己會「利用午餐時間，找個安靜的地方閉目養神、慢慢放鬆身體」。此外，蠻多菁英會在午睡前飲用咖啡。因為午睡片刻後，睏意仍未散去的話，會使他們較慢進入下午的工作狀態。由於咖啡因在喝完的三十分鐘左右才發揮作用，所以只要在午睡前喝的話，便能馬上進入工作狀態。

我曾以為「如果不吃午餐，餓著肚子很容易降低工作效率」，但菁英卻會在午後短暫休息一下，攝取水果或飯糰來補充營養。甚至有不少人會攝取含糖量較低的零食、堅果和乾果。

市面上大多數的午餐選項，都含有大量的碳水化合物和糖分，有時攝取過多能量會讓人昏昏欲睡。對於想好好衝刺午後業務的菁英來說「睏意等於大敵」。所以**他們不會在午餐時間一口氣大量攝取能量，而是分散到上午和下午的時段，少量多次的補充能量**。採取這種策略來控制血糖值，盡量避免睏意產生。

不過，菁英偶爾也會和同事、上司共進午餐。而他們往往會選擇低醣低脂的飲食，或只吃少量白飯來控制攝取的能量。

對菁英來說，商業午餐的目的並非填飽肚子，而是與同事交流互動、分享情感，以及展現對他人談話感興趣的場合。為了達成這個目的，他們會將食量控制在午後不至於產生睡意的範圍內。

萬一還是抵擋不住睡意，他們會起身做點伸展運動、促進血液循環，或者飲用冷水、吃點薄荷涼糖來提神。也有一些人會咀嚼巧克力或軟糖，來擺脫低血糖狀態。

還有一個令人意外的回答是「人在飢餓時更容易進入戰鬥模式，所以稍微有些飢餓感正好」。甚至有些菁英表示「就連獅子也是在飢餓狀態下，反應才如此靈敏呢」。

菁英傾向在工作期間吃零食，**透過分散補充能量，也是一種保持專注的策略**。現在我們明白為什麼很多菁英會說「午後定勝負」的理由了。

3-2 一般認爲「嘆氣會趕跑幸福」，但菁英……
積極利用「嘆氣」來放鬆

我們發現五%的菁英獨自工作時經常嘆氣。

他們並非用旁人聽不到的聲音偷偷嘆氣，而是光明正大的大聲嘆氣，也有人會先嘆一口氣再開始工作。

儘管嘆氣給人消極的印象，例如「會趕跑幸福」等說法，但菁英嘆氣的頻率卻是一般員工的二．二倍。

當我們詢問菁英為什麼嘆氣時，他們都回說不是因為負面情緒而嘆氣。

於是，我們向呼吸系統科專家請教嘆氣對身體的影響。**專家表示，嘆氣亦是一種深呼吸動作，對於大腦功能和精神平靜具有正面效果**。

當然，將壓力累積到忍不住嘆氣的狀態並不太好。但是，如果你在進行容易呼吸變淺（急促）的工作時，會藉由深呼吸來穩定身心的話，嘆氣亦能視為一種

有效的手段。

菁英們在開始工作之前，往往會做一些自創的儀式（例行公事），以加速進入工作狀態。在這些例行公事當中，我們發現**大嘆一口氣，可以同時釋放壓力，讓新鮮空氣進入身體、集中精力工作**的做法確實有其道理。

所以請不要對嘆氣這個動作抱有罪惡感，試著當作一種釋放壓力、穩定身心的儀式吧。

3-3

即使有些事剛出社會時沒學過，但菁英……

讓「低風險、低報酬」的成果積少成多

菁英不以追求高報酬為目標。

對他們來說，低風險、高報酬如同賭博且難以複製。而高風險、高報酬，即使能達成也相當罕見、難以持續，對於那些旨在「不斷創造成果」的菁英來說，沒有吸引力。

他們追求的反而是低風險、低報酬。

其背後的想法是「小小的也沒關係，先增加行動量。這樣一來，失敗也只是小小的失敗，將經驗活用到下一次就好」。可以說菁英們更看重「**慣於失敗**」「**成功率達三成就夠了**」和「**提高持續力比成功更重要**」這三件事。菁英的行為其實並沒有什麼特別之處，只是理所當然地去做理所當然的事情，而且不停取得成果罷了。

3-4 覺得找越久，越能找到好東西，但菁英……
每天最多只花五分鐘蒐集資訊

第二章曾提過「不應以蒐集資訊為目的」（參考2-3），而本節要來介紹菁英蒐集資訊時會用的一些小技巧。

非常重視效率和效果兩者並行的菁英，會為每一項工作設定截止日期。這點同樣適用在蒐集情報，他們會設定一個斷點，避免花費過多時間搜尋。

我們也發現菁英在搜尋時，都有**相當明確的搜尋目標，而且會將時間控制在五分鐘左右**。比方說，雖然用Google能找到搜尋的很多資訊，但無關的訊息也會映入眼簾。畢竟Google本身是一家促進使用者消費的廣告公司，利用巧妙的視覺效果引導使用者的目光，進一步點進廣告商的頁面。

當然，也有可能發現意料之外的貴重資訊，但這不代表每次無止境地使用Google搜尋，都必定能遇到意外的資訊。

我們還發現菁英有一個習慣，就是把想查找的內容記在備忘錄裡，然後一口氣搜尋。另外，雖然反覆進行搜尋和確認的作業會給人一種成就感，但也會降低工作效率。

有鑑於此，菁英會設定蒐集資訊的截止日期，例如**「要在×天內將○○調查完畢」，並規定「每天最多搜尋五分鐘」**。

這樣一來，便能建立起短時間內收穫資訊的機制。

3-5

工作順利時想一鼓作氣完成，但菁英……

執行過程中會暫停一下

當人開始進行某項作業時，人體會因為受到刺激而分泌多巴胺，而呈現勞動興奮的狀態，這時大腦會發出「不停繼續工作」的信號。

這可稱作「作業興奮」（按：亦可稱行動興奮、勞動興奮）。意思是說，當**你被作業興奮感淹沒時，持續工作本身會帶來快感，進而延長工時。而且在這種興奮狀態下，會讓人的判斷力變遲鈍，很容易迷失目的。**

實際上，這些菁英都曾經歷過這類失敗。所以才會在作業前先設定一個斷點，打造出足以擺脫作業興奮的機制。

一般人以為，如果在工作進展順利的途中停手的話，會因為專注力被打斷而拉低效率。然而，從行為心理學來看，暫時中斷作業其實能得到正向效果。

在心理學術語中，有「心理抗拒（psychological reactance）」和「蔡加尼克

效應（zeigarnik effect）」這個詞彙。心理抗拒，指的是當你的行為受到限制時，反而會出於反抗心態而刻意受到限制的行為；蔡加尼克效應，指的是比起完成的事情，反而更加在意尚未完成的事情。

菁英則巧妙地利用了這兩種心理現象帶來的效果。

像是先設定好中斷工作的時間，但隨著時間鄰近而產生心理抗拒時，便會因為「至少要做出一定的完成度」的念頭而提高處理速度。

然後，即使中途休息一下，也會因為蔡加尼克效應而在意工作的後續，所以休息後反而能集中精神繼續工作。

想要全神貫注地工作兩、三個小時，既困難又不切實際。即使能夠長時間維持注意力，就體力上而言也很難經常這樣做。

為了減少不必要的作業興奮，請設定一個斷點好好休息。

菁英都懂得用這種方法，來**提升維持注意力的頻率**。

3-6

一般認爲「時間越充裕越好」，但菁英……

時間的餘裕，來自從容的心境

當你忙到沒有時間而失去內心從容時，很難避免拉低工作成效。在這種情況下，一旦能保有更充裕的時間，心情也會更有餘裕。

然而，菁英似乎不這麼想，他們認為**「時間之所以緊迫、工作之所以繁忙，是因為心境不夠從容」**。

菁英都很清楚一個人的時間、專注力和精力是有限的，所以不會浪費這三種有限的資源。

當我們針對時間、專注力和精力之間的關聯性進行訪談後，這些菁英表示「不是因為沒有時間而浪費精力，而是因為心裡沒有餘裕才會浪費時間」「焦慮和煩躁會導致注意力不集中，進影響工作表現」。

他們認為光是思考消極的事情，就會因此感到疲憊和煩躁而浪費精力。

所以，菁英會先著手整頓自己的內心。

提到「在早上調整自律神經，能平靜度過一整天」的菁英比想像中多，而且在工作前做屬於自己的例行公事，也是一種安頓內心的習慣。所以他們不會早上一起床就看手機，也不會將電視的音量開很大。

與其指望藉由空下時間來平靜內心，不如先從讓內心保持從容，避免在無謂的事情上浪費精力做起。

這就是菁英提高專注力和工作效率的祕訣。

3-7

一般認爲「蒐集資訊足以影響成果」，但菁英……

將「資訊」轉化成「洞見」才能打動人

溝通的目的在於與對方產生共鳴後，讓對方按照自己的想法行動。如果你和對方各自想了解的事情沒有取得平衡的話，對方自然不會採取行動。

九五％的一般員工往往是以自己為本位進行「單向溝通」，但五％的菁英則偏好進行以對方為本位的「雙向溝通」。

兩者之間的差別在於，你傳達給對方的是**「資訊（information）」還是「洞見（insight）」**。

一般員工總是以為努力傳達資訊就能打動對方。

反觀菁英，他們知道對方想要的是洞見，而不是單純的資訊。

他們只蒐集最低限度的資訊，並嘗試以自己獨特的見解來得到洞見。藉由**將分散的訊息串聯起來，挖掘出共同點或和他者不同之處，然後轉化為個人洞見**。

因為溝通對象想知道的，並非冷冰冰的圖表或數字，而是從圖表中導出的知識，以及從數字中得到的洞察。

了解這項意圖的菁英，從蒐集資訊的那一刻起，就把得到洞見列當成目標。

足以展現個人洞見的資料或企畫簡報，都有助於提高成功率。

於是，我們向兩千三百十四名一般員工傳授這個方法，並請他們實踐之後，有五七％的人表示有感覺到成效，還表示並「溝通對象的反應變了」。

一旦員工將蒐集資訊的目的轉換成「得到洞見」，除了會感到單純用谷歌搜尋了事的作業很徒勞，同時也能提高蒐集資訊的能力。這一點已在一項針對四十九家企業的青年培訓暨行為實驗中獲得了證實。

3-8

一般認爲「提升個人能力，就能早點下班」，但菁英……

集結旁人的力量，迅速完成工作

當我們針對工作管理（task management），向九五％的一般員工和五％的菁英員工進行訪談後，發現雙方對於工作管理的定義明顯不同。

一般員工的看法是「獨自執行自己負責的工作，並按時完成」，但菁英的看法則是**「評估自己是否能夠承接工作，也是工作管理的一部分」**。

更甚者，菁英在承接工作後，會將內容分成「自己進行」和「委託他人」兩種來做管理。換句話說，菁英認為**委請他人介入處理也屬於工作管理的一部分**。

雖然一般員工和菁英都對「按時完成任務」這一點有共識，但兩者的差別在於菁英認為「工作並非只有我一個人執行」。

當然，菁英不會單方面拉人介入硬塞工作，而是清楚傳達對方能得到的好處，以及委託內容的意義和目的，以讓對方能接受為前提來分派工作。除此之

外，在委託他人工作時，使用的主詞通常都是「包括對方和自己在內的『我們（We）』」。

- **類型一：獨自一人用努力和耐力來解決課題。**
- **類型二：了解工作的複雜性，集結適才適所的人一起解決課題。**

以上面兩種類型來看，不難看出後者的成功機率更高，對吧。想要集結旁人的力量，需要發揮高度的技巧。

菁英願意花時間磨練人際溝通的技巧，是因為只要成功集結旁人的力量，就可以在更短的時間內解決更大的挑戰。換言之，比起作業本身，他們更願意在縮短時程上面下功夫，而這也是菁英的特徵之一。

3-9

一般認爲「工作熱忱會受每天的心情和身體狀況影響」，但菁英……

排除會削減熱忱的工作

菁英往往為了要在期限內完成工作，而使用工作管理軟體或應用程式（如：適用於專案管理和待辦事項的 Trello、Microsoft To Do、Google Tasks 或 Notion 等）來檢查「截止日期」和「必須完成的事項」。

作為工作管理的一環，有些組織會要求所有員工使用上述專案管理工具來管理工作。但這種管理方式，卻有可能成為降低員工熱忱，甚至造成壓力。為此，我們需要一套預防「削減熱忱的機制」。

我們發現菁英查看工作管理工具的頻率，比一般員工少三七%。為了能如期完成工作，很多人以為必須多次檢查待辦清單才行，但菁英大多只在辦公期間查看一次，以及結束後按下完成鍵，共計兩次即可。

像我很怕自己忘了去做趕工中的專案，為了避免給別人添麻煩，所以每天會

查看三、四次工作清單。

不過，當我仿效菁英規定自己「一天只能看兩次待辦清單」，五個月下來也沒發生什麼問題後，才發現過去浪費了太多時間在無形的焦慮上。

雖然菁英為了不忘記工作，每天會查看兩次待辦清單，但他們也領會到如果查看次數過多，反而會降低自我肯定感。

我們了解到**如果一直反覆查看許多迫在期限的工作，反而會壓迫到精神狀況，甚至否定沒做完的自己，陷入自我厭惡的窘境中。**所以千萬別因為焦慮，而過度查看或不斷檢查待辦清單。

只要預先排除這類陷入自我厭惡的可能性，便能擺脫不必要的焦慮。

3-10 桌上不放飲料

一般認爲「要隨時補充一點水分」，但菁英……

我在前作《AI分析，前5%菁英的做事習慣》中也有提道，菁英在辦公室坐著的時間非常短暫，坐在辦公桌前的時間比一般員工少五〇%以上。這是因為他們會去各個部屬露臉並積極與人對談，或到其他部門走動。

所以，就算他們容易因此口渴，也不會在桌上放置飲料。而是用辦公室的飲水機小紙杯，倒入一**兩口水量**擺著，桌上不會放置超過三百毫升的飲料。

此外，當我們檢查一些遠距工作的影像時，同樣發現菁英桌上不會放置超過五百毫升的飲料。他們就算在家工作，也跟在辦公室時一樣，只擺放一兩口左右的水量。

至於一般員工，無論是在辦公室或居家工作，很多人都會放置五百毫升以上的飲料，所以我認為這算是菁英特有的行為。不是說菁英不喝水，而是用更頻繁

的方式來補充水分。菁英遠距工作時，補充水分的頻率甚至更高，他們只是不在桌上放水罷了。

敝司的調查負責人，因為無法理解箇中理由而悶悶不樂，所以忍不住又找了二十九位菁英進行追加訪談。最後，終於揭開他們刻意不放置五百毫升以上飲料的原因了。

如果放了一大壺飲料開始辦公，將很難製造起身的契機，另一個原因是擔心自己因作業興奮而工作到停不下來（參考3-5）。因而設法養成**「需要補充水分時，就起身走去廚房或冰箱」的習慣**。

這種做法讓菁英不論身處辦公室或住家，都能為自己調整出一些動動身子的機會，連帶提升辦公效率。

3-11

一般認爲「筆電的鍵盤就夠用了」，但菁英……

用昂貴的鍵盤來縮短工時

在辦公室工作時，通常會使用公司提供的設備，例如：電腦、鍵盤、滑鼠、桌子或椅子等設備。但遠距工作時，就得由自己準備相關物品了。

所以有些人在遠距工作時，會將公司的筆電帶回家使用，但菁英則會運用自己的錢進行小額投資。例如，將筆電連上外接螢幕，藉由兩個電腦桌面來提升工作效率。

進一步觀察外接螢幕以外的備品，我們發現一般員工大多自費購買網路攝影機和坐墊，反觀菁英則以自費購買**鍵盤**和**麥克風**居多。

我在前作《AI分析，前5%菁英的做事習慣》中也有提到，菁英領導者願意投資購買麥克風，卻不太花錢買網路攝影機。這點同樣能套用在前五%的菁英員工身上，有很高的比例會使用大約五千到一萬日元的「電容式單一指向性麥

克風」。

令人意外的是，即便他們使用便宜的滑鼠，卻會在鍵盤上投入不少金錢。原因在於，雖然也可以直接使用筆電的鍵盤，但筆電的鍵盤寬度較窄，以致於得縮著肩膀工作，進而降低辦公效率。

所以菁英往往會將**筆電置於專用的支架上，然後使用自費購買的鍵盤**。他們不會選擇高性能的鍵盤，而是價格偏高且打字聲音安靜、按鍵較大的類型，來留意避免打錯字。

菁英大多會牢記最低限度的常用快速鍵，只要鍵盤配的基本功能完備，他們便能毫無差錯地進行輸入作業。

確實，如果知道自己所需的快速鍵，就可以降低使用滑鼠的次數，而不必特別投資滑鼠了。另一方面，一般員工在遠距工作時傾向花錢買滑鼠，例如：滾輪式滑鼠，或者體積較大且配備很多快速鍵的電競滑鼠。

目的性強的菁英會評估**哪種作業比較多，或者減少哪方面的壓力來增強注意力和續航力**，並且採取相應措施。

3-12

一般認爲「走動時做不了任何事情」，但菁英……

「短暫外出」足以提升工作效率

菁英不會一直原地不動，而是經常走動，其中有二三%的人（約為一般員工的六倍），把走路當作例行公事。

大多數的菁英都有養成通勤時提早一站下車，走路到公司的習慣。即便是遠距工作，也有很多人會經常走路。而有些菁英領導者會邊走路邊開會，甚至在健身房的跑步機上邊走邊參加經營會議。

我們向精神科專家請教走路的效果，專家表示**活動身體有助於提高注意力和記憶力**。當我們移動時，大腦中名為位置神經元的神經細胞會開始作用，刺激掌管注意力和記憶力的海馬體。

這也是重視注意力和續航力的菁英，到處走來走去的理由。

COLUMN

頂尖菁英都願意投資公事包和鞋子的理由

我們發現當情緒高漲時，很容易加速進入工作狀態。因為當你心情愉悅時，就會忘記煩惱，然後專注於手上的任務。

前五％的菁英，會特別留意在上班時提振精神。

舉例來說，他們之中有很多人，會將隨身攜帶的公事包和鞋子換成自己喜歡的樣式，透過這種方式來提升工作熱忱。

當我們詢問菁英：「你在遠距工作時最喜歡的物品是什麼？」多數人會回答：「襪子跟拖鞋」。

無論是在辦公室亦或遠距工作，在正式辦公前做一些讓提振心情的事情，更容易以美好的心情展開工作，進而縮短工時。

第4章

「ABC按鈕」和加班說再見

4-1
一般員工跟菁英，究竟哪裡不同？

我們以大約兩萬名的上班族為調查對象，並由AI進行檔案分析後，查明了九五％一般員工，以及五％菁英之間在行為與成果上的「差異性」。

同時也發現，平常認真工作卻無法做出實質成績的一般員工，大致可區分為三種類型。

①「**緩慢啟動**」型

・行事步調偏慢，對自己做不完手邊工作有所自覺。

・總等到沒辦法了才向旁人求助，容易給人添麻煩。

・借助他人之力趕在期限內完成，卻因疲於奔命而延誤到下一個工作。

②「**過度慎重導致負面循環**」型

・推展工作時，會仔細調查到接受為止，過程中若產生任何疑慮就隨時調查。

・會反覆進行確認和修正，而遲遲沒有進展。
・邊做邊煩惱，因而延誤處理速度。
・為了趕上截止期限，有時會發生最後草率收尾，品質不一的狀況。

③「**起步暴衝**」型

・幹勁十足時，一鼓作氣成功站上起跑點。
・隨著工作進展，士氣跟著大幅提升，不休息也要繼續衝刺。
・但過程中因身心俱疲不得不休息，又花了不少時間恢復精神，導致進度不斷落後。
・以這種步調繼續作業，一回神發現早已過了截止期限。

另一方面，各家企業的前五％菁英也有不少共同點，其中與九五％一般員相異的特徵，大致可整理成以下六點。

①接到工作後，迅速展開行動。
②和委任方（上司或客戶）針對應完成內容達成共識。

95%一般員工的工作方式①
「緩慢啟動」型

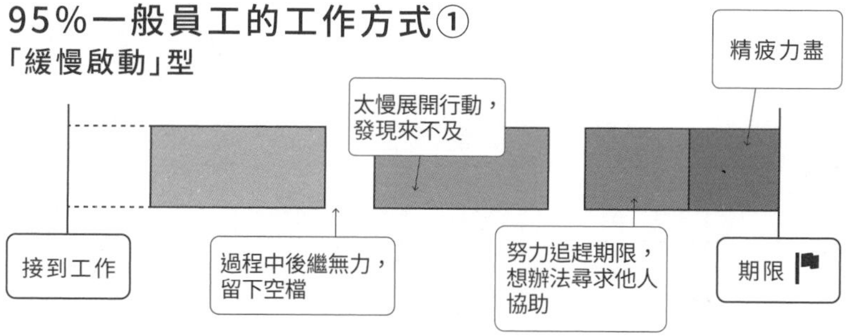

95%一般員工的工作方式②
「過度慎重導致負面循環」型

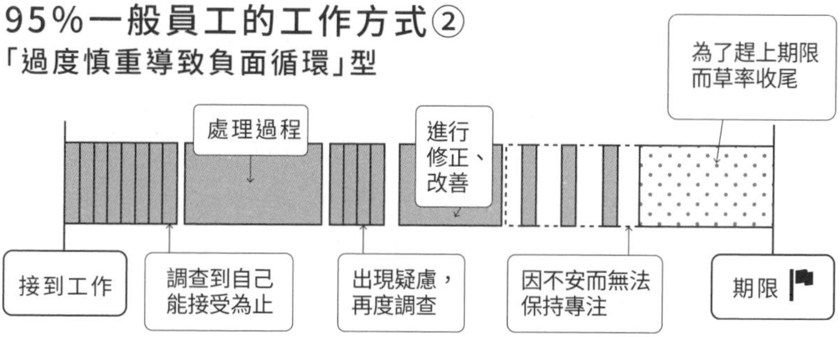

95%一般員工的工作方式③
「起步暴衝」型

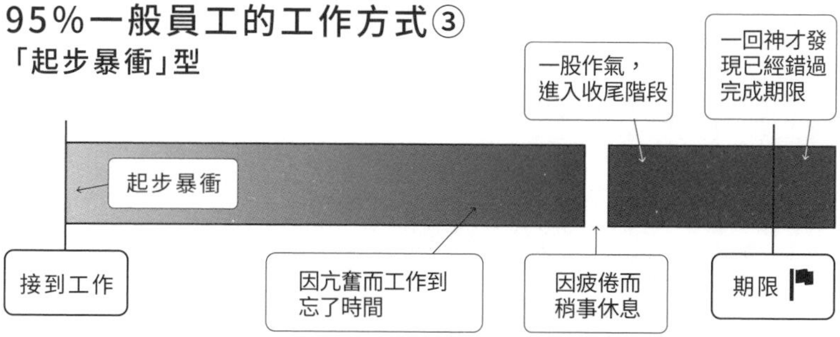

5%菁英執行任務的方式

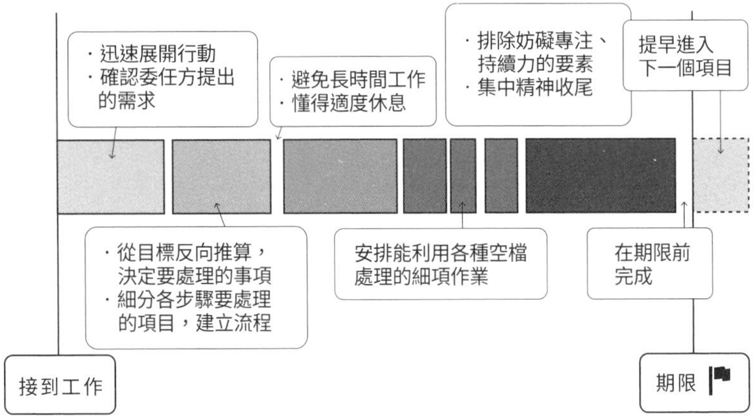
・迅速展開行動
・確認委任方提出的需求
・避免長時間工作
・懂得適度休息
・排除妨礙專注、持續力的要素
・集中精神收尾
提早進入下一個項目
・從目標反向推算，決定要處理的事項
・細分各步驟要處理的項目，建立流程
安排能利用各種空檔處理的細項作業
在期限前完成
接到工作
期限

③從目標反向推算，決定最低限度的流程。

④打散（細分）各步驟要處理的工作項目。

⑤避免長時間工作，安排足夠休息時間。

⑥在期限之前完成工作，並提早著手下一個項目。

另外，在深入探討誘發這六種行動的觸動媒介（契機）後，發現了足以成為觸發關鍵的「三種開關模式」（參考4-3起的內容）。

下一節就先來看看這六種行動的具體特徵吧。

4-2 菁英的六種行動特徵

特徵①～④都跟「工作的事前準備」有關。

①接到工作後，迅速展開行動

菁英的決定性特徵，在於他們會以壓倒性的效率迅速採取行動。在接到工作後，通常會立刻著手處理。

②和委任方（上司或客戶）針對應完成內容達成共識

菁英習慣迅速採取行動，但不會突如其來動手，而是先設法確認雙方對於完成內容是否有共識。因為他們普遍認為，假如需求與成果有所出入，在修正上會更花時間，最後反而無法獲得應有的評價。

假如是設計圖，他們會先詢問委任方是否符合想像，確認後才接著進入實作階段。

③從目標反向推算，決定最低限度的流程

確認過委任方的需求後，接著從期限反向推算出最低限度的必要流程，例如「預計在幾天內完成」，藉此安排處理順序。

④打散（細分）各步驟要處理的工作項目

當流程足夠明確，再將作業流程進一步細分化，以便能利用空檔或移動時間處理瑣碎的項目。

以上是菁英著手準備工作的方法。

接下來的特徵⑤～⑥，則屬於實際的「工作方式」。

⑤避免長時間工作，安排足夠休息時間

確認目標及流程之後，他們會集中精神處理工作。神經感覺如同進入心流般敏銳，而能夠在短時間內完成高水準的工作。

為了維持這份集中力，也需要排除妨礙的要素，才能不慌不亂，無後顧之憂

地持續集中精神。

另一方面，為了可以維持集中力，菁英的休息頻率會比一般員工多。

⑥從容在期限之前完成工作，並迅速處理下一個項目

菁英不會趕著壓線交差，時間上會稍微保留一些餘裕。因為若是趕工收尾，就沒有時間確認成果，細節也比較容易出錯。

而且，要是不幸在期限之前就耗盡體力和專注力，也會影響到下一個工作的處理效率。

雖然菁英通常會同時負責好幾個工作項目，但不會選擇同時進行，而是逐一完成。這種做法乍看似乎不是很有效率，但由於結束每個項目後都能迅速切換到下一個，反而能以很好的效率展開工作。

為了不拖慢切換的速度，菁英才會堅持讓工作有餘裕地進行收尾。

4-3 套用菁英時間術的「ABC按鈕」

前面介紹了「六項在菁英身上很常見，但一般員工欠缺的行動特徵」。

那麼，這「六項菁英行動特徵」有沒有什麼誘因（契機）能讓一般員工也能套用呢？於是我們將龐大的數據交由AI分析，並在各家企業反覆進行了數次行為測試。

結果發現，**只要採取三種行動，即使不是菁英也能成功縮短工時**。

作法超乎想像的容易，那就是在正式作業前採取兩種行動（圖中A和B），作業進行時採取一種行動（圖中C）。

我將這三個簡單的行動，取其英文字首命名為「ABC切換鈕」。我們請二萬一千六百五十九名員工，以按下小小切換鈕的感覺來實踐這三個種行動，結果有八九%的人回饋說「確實有縮短工時的效果」。

「ABC按鈕」效法5%菁英的行動模式

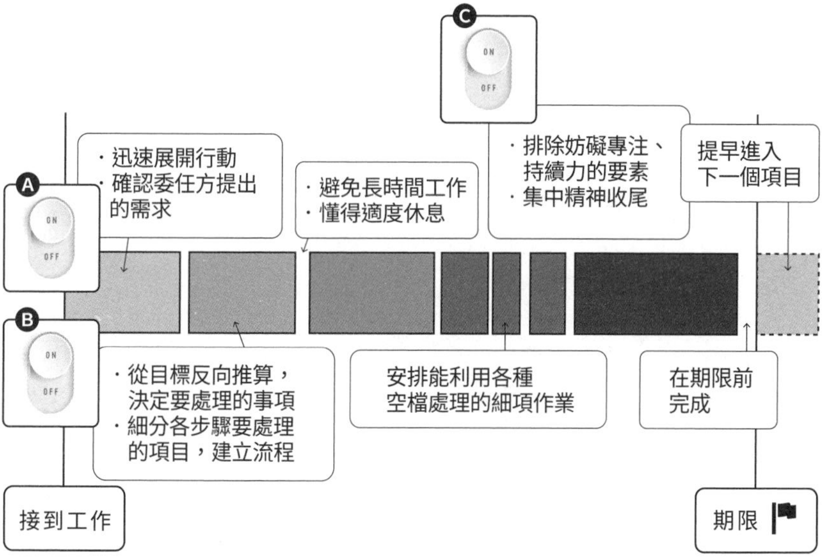

・迅速展開行動
・確認委任方提出的需求
・避免長時間工作
・懂得適度休息
・排除妨礙專注、持續力的要素
・集中精神收尾
提早進入下一個項目
ON
OFF
・從目標反向推算，決定要處理的事項
・細分各步驟要處理的項目，建立流程
安排能利用各種空檔處理的細項作業
在期限前完成
接到工作
期限

幫助你套用一連串行動特徵的三個開關！

這樣做，按下「ABC按鈕」

Accept	**坦然接受過去的浪費行為** • 重點1：不否定並接受過去自己認為合理的浪費行為。 • 重點2：找出改善過去浪費行為的方法。
Build	**加速行動，打造持續下去的儀式** • 重點：培養一個動工前的固定儀式。
Concentrate & **C**ontinue	**跟目標有關的工作項目，保持專注、持續下去** • 重點1：情緒控管。 • 重點2：運用捷徑工具（數位工具）。

能用ＡＢＣ切換鈕得到縮短工時效果的主要原因，在於這類菁英原本就相當擅長**「找出有助於達成目標的工作項目」**，而且也代表他們「知道哪些項目會做白工」。

儘管事實上很多事情要做了，才知道是否能得到成果。但這些五％的菁英提到：「最大的風險是一個人選擇放棄思考、以惰性面對工作，把沒用的工作當成有用的在做。」

換句話說，ＡＢＣ切換鈕就是為了減少這類「沒用工作」的訣竅，進而發揮縮短工時的效益。

切換鈕

A

坦然接受過去的浪費行爲

「切換鈕Ａ」是為了幫助你藉由接受過去的行為，來改善問題癥結，然後肯定現在的自己。

舉例來說，五％菁英中有六二％的人，都曾經有過長時間勞動的經驗。其中四十歲以上的菁英中，更有高達七八％的人，有過不少靠努力和耐力在公司熬夜加班的經驗。這種「流於陋習，忘記提升成效才是首要目標」的工作方式，如今已很難做出什麼成績了。

菁英不僅接受這樣的過去，也會透過學習將過去經驗活用於現在的工作上。其中有兩項重點：

①不否定並接受過去自己認爲合理的浪費行爲。

②找出改善過去浪費行爲的方法。

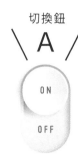

這兩點乍看簡單，但要坦然面對過去一直認為合理的事情，並接受那是浪費的行為，其實比想像中來得困難。

有時即使面對了，也會因為對過去的否定而陷入自我厭惡情緒中，導致無法迅速進入工作。一旦喪失自信，很容易在工作時數度修正、降低整體效率，逐漸陷入惡性循環之中。

為了避免這種情況發生，我特別推薦的方法是**「每週一次自省十五分鐘」**。

許多菁英都有自省的習慣，會以過去經驗過的好壞表現為基礎，過濾出絕對必要的工作項目。比方說，原本覺得對工作有幫助而細心製作的資料，最後發現跟達成目標沒什麼關係，之後就會避免重蹈覆轍。或者當查覺到有無法在期限內完成的工作項目，就會委婉拒絕以免委任方失望。**像這樣參考過去經驗，找出值得投入的工作**。

日復一日的繁忙工作下，很難保持「自我接受」的時間與心態，所以才需要將內省的時間固定下來，讓自己好好接受過去來改善問題點，然後試著肯定現在的自己。

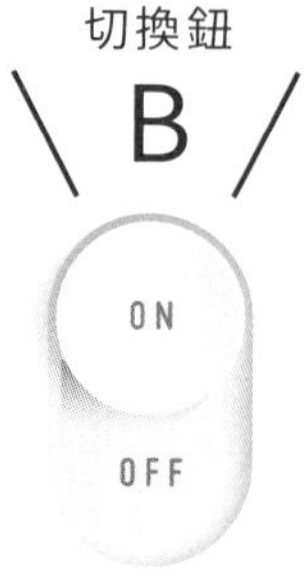

加速行動，打造獨有的儀式

在按下切換鈕A之後，我們建立了解決已知問題的制度。至於切換鈕B，將幫你建立**迅速採取初步行動的流程**。

菁英不會指望靠一時衝勁來做事，所以會為了發揮安定的表現，下足工夫不讓自己受身體狀況影響。例如，採取能促進腦內荷爾蒙多巴胺分泌的行動，或為了維護身體健康而定期運動……等。

但菁英就是如此謹慎小心，才會建立一些在欠缺幹勁、身體微恙的情況下，也能隨時開始工作的簡單機制。

這就是**工作前的準備程序**。

菁英在正式開始工作之前，會進行一到兩項具「儀式感」的行動，來達成自

我暗示的效果：**「只要完成這個儀式，就能馬上進入工作模式」**。舉例來說，我們從訪談和現場記錄的影片中，發現了以下獨具儀式感的行動。

- 居家辦公時，先給家庭菜園的花澆澆水才開始工作。
- 居家辦公時，一邊品味咖啡豆的香氣，一邊手沖完咖啡後才上工。
- 總是先到公司附近喝一杯紅茶，再打卡上班。
- 一到公司，會先整理桌面再開機。
- 面對不擅長的工作前，小聲低語「總會有辦法的」後，才著手處理。

菁英充滿儀式感的行動，感覺上跟前職棒選手鈴木一朗的習慣十分相似。鈴木一郎為了提升打擊率，會在打擊區完成一系列如同儀式般的動作。

菁英雖然能以得到公開表彰等形式留下結果，但最獲好評的還是「能隨時適應環境的變化，持續做出成績」這一點。為此，即使成功機率只有三～四成，他們也會致力提升行動量，將最後的目標值放在一一〇％～一二〇％

要在有限的時間內增加行動量，就必須讓**「行動的時間」**超越「思考的時間」。因此，菁英在準備工作的階段，就會設法**建立起縮短著進入工作、增加行動量的固定流程（儀式）**。

對一般員工來說，工作前的固定儀式同樣有效。我們進行了一項為期四週的行為測試，內容是請三千八百七十一名員工，決定一個著手工作前的儀式，做完這項儀式後再開始辦公。

結果，參與實驗的一般員工當中，有六八％表示「採取初步行動的速度變快了」。這代表一旦將工作前的儀式習慣化，會更容易切換到工作狀態中。

切換鈕

C

保持專注、持續下去

許多菁英都奉行一個看似理所當然的準則：「必須堅定持續，才能達成目標」，而且把保持專注視為一項重要任務。

然而，人的**時間、精力和專注力是有限的**。

菁英為了徹底將有限的時間、精力和專注力持續集中在工作上，平常就會要求自己做好「情緒控管」和「運用捷徑工具」。

這兩點，也就是切換鈕C的重點。

①情緒控管

②運用捷徑工具（數位工具、應用程式）

如果我們可以透過切換鈕A過濾出重要的工作，按下切換鈕B排除各種煩

惱、立刻上工的話，就能縮短處理重要項目的作業時間，在期限內完成工作了。切換鈕C則具備讓切換鈕A、B更順利運作的潤滑功能。下面就來了解切換鈕C的具體內容吧。

①情緒控管

在工作上，「持續力」相當重要。所以會造成妨礙的煩躁感和精神壓力，都要盡量排除。

那些煩躁、加深不安的感受，會耗費多餘的情緒能量。菁英深知耗費過多情緒能量會對重要工作造成妨礙。

儘管人很難無時無刻對工作保持高度熱忱，因此妥善管理焦躁、不安等負面情緒是持續工作的重要課題。

②運用捷徑工具（數位工具、應用程式）

為了提高業務執行能力，捷徑是非常有效的工具。此處重點在於**運用各種「數位應用程式」**，所以要將如何**「自動化」**列為優先考量。

假如是能用電腦或手機完成的重複性作業，可以考慮透過數位應用程式來進行自動化。

雖說是「使用數位工具達成自動化」，但也沒有像AI或RPA（Robotic Process Automation，機器人流程自動化）那麼複雜。這裡指的是，只要按下數位工具本身具備的便利功能鍵，就能讓電腦瞬間完成某個項目。

近年來，有越來越多企業導入Zoom或Slack等即時通訊軟體，但能如願嫻熟使用的企業仍是少數。在調查四百八十五家企業使用數位工具的狀況後發現，回答「有充分運用」的上班族，只占整體的二一%。雖然沒必要學會所有功能，但也應該記住並實踐那些可以有效縮短工時的機能。

「我是文科生，對科技什麼的很感冒……」或許也有這種逃避心態的人，但這種想法實在太可惜了。如同你口渴時不會特別跑去水庫喝，而是直接轉開水龍頭。學會數位工具，就跟只要懂得轉開水龍頭，便能馬上喝到水喝一樣簡單。

即便也有些菁英不太擅長運用數位工具，但將達成目標列為第一要務的他

們，會為了完成工作去用心尋找能夠實現的手段。

他們不會漫無目的地閱讀相關書籍，而是會透過網路搜尋、了解能夠改善之處，或者請認識的人指導，抱著「先實際試試看」的心態來學習。

曾有菁英提到，隨著行動的累積「一旦試圖去大量學習、大量實踐，反而會增加心理障礙、不敢行動的風險」。所以才會反覆實踐**「稍微了解訣竅」**→**「實踐」**→**「從成效中提升滿足感」**的做法。只要能從行動中得到滿足感，內心便會湧現積極開發其他效率化工具的動力。這樣多次重覆下來，一個人對於數位工具將不會停在「知道」階段，而是走上「熟能生巧」之路。

以上就是「切換鈕ＡＢＣ」的概要。下一章將透過各種不同的課題，具體解說「切換鈕ＡＢＣ」的實踐方法。

第5章

脫離加班地獄的「ABC按鈕」

——實踐篇

實踐1

切換鈕

A

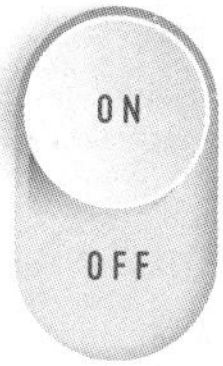

給習慣多工處理，
講求工作效率的你

工作時間與思考時間要劃分清楚

5-1 清楚劃分工作時間與思考時間

在菁英的眾多發言中，有一句讓我留下深刻印象的話：**避免停止思考**。聽到總是朝目標直線前進的菁英說出這句話，著實有些令人意外。

在菁英的認知中，**「不假思索地推進作業很危險」**。其中有人提到：「持續思考確實很累，但只專注進行手邊的工作，也很容易忽略本質上的目標。」

具備高度技能的菁英，相當清楚自己一旦著手處理工作，很容易陷入作業興奮狀態，而不小心忘記「超越委任方的期待值」這個大目標，經常發生一股腦投入工作本身的興奮感中。

能夠有效率的進行工作，確實會帶來好心情，繼續維持這種狀態也有助於提升幹勁。但菁英為了不過度沉浸於這種亢奮感，往往會刻意中斷手上的工作，妥善安排休息時間。

這麼做的目的，不僅是為了讓身體和精神好好休息，也是為了「**藉由身體休息，活絡思考空間**」。

趁著短暫休憩的空檔去喝杯咖啡，或是在室內、辦公室到處走走，稍微抑制一下作業興奮感，重新思考自己進行「這項工作的真正目標」。

然後，可以藉機考量「我現在的作業方式真的正確嗎？」「有沒有其他更快的方法？」「有沒有辦法找到誰來協助？」

由此可知，**一個人專注作業時，用不太到運作大腦的能量，反而是因為疲倦時讓身體休息期間，思考才會動起來，修正偏離本來目標的軌道**。

這就是菁英「清楚劃分工作時間與思考時間」的策略，藉此避免無謂的作業，也能有效縮短工時。

其中最具特徵的習慣，例如「設定一週一次，每次十五分鐘的自省時間」「每四十五分鐘讓工作告一個段落」「工作時找空檔外出十分鐘左右」……，都

是為此而精心策畫的環節。

透過適時切換肌肉與大腦的ON與OFF開關，才能徹底發揮工作表現。

切換鈕

A

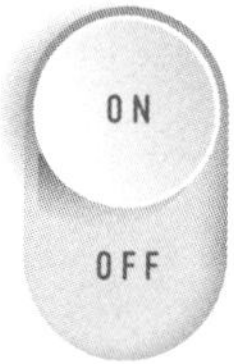

給只是蒐集情報
就感到滿足的你

如何輸出
才是優先考量

5-2

以輸出為優先

很在意要盡早採取初步行動的菁英，比起輸入資訊，更在乎如何輸出。

如果是千載難逢的機會，菁英自會做好萬全準備；但假如能容許一點微小失敗的話，他們會選擇的策略是**「先輸出自己目前掌握到的資訊情」**，然後**「接受他人回饋並填補不足之處」**。

他們深知一旦開始蒐集資訊，很容易因陷入作業與奮狀態而延誤時間，所以會刻意**避免滿足於資訊輸入，導致忽略了輸出的部分**。

另外，菁英認為「製作輸出資料的行為本身，也是輸入的一部分」。因為輸出資料也兼具輸入他人意見回饋的效果，得以**根據回饋得知「資料接受對象的屬性」「會對什麼樣的資訊感興趣？」**等訊息，進一步活用於後續的資料上。

確實，只要知道哪些資料能打動輸出對象，就能避免在輸入上耗費太多時間，卻換得徒勞無功的結果。

雖然菁英敢斷言「輸出內容會因對象來改變」，但無法掌握特定對象時，「先輸出來觀察對方的反應」也是十分合理的策略。

或許要求所有上班族限制花在輸入的時間很難，但只要正確掌握**輸出是為方輸入**的立場，就不難理解應該把力氣放在輸出這件事情上。

儘管花時間輸入不代表一定能提升輸出品質，不過藉由事先徵詢意見，或者於任務期間進行回饋調查，說不定能得到比自行調查更有益的資訊。

假如無法進行事前調查或意見回饋，就試著把重心從輸入移到**「設定假設」**吧。菁英遇上這種狀況，往往會花些時間假設一個敘事線，比方說「這份資料是給誰看的？什麼樣的狀態下要做出哪些應變，對方才能理解並按照我的想法行動呢？」

整理過後，我們能從菁英的做法上學習到以下幾點：

- **從「滿足於輸入」轉換爲「滿足於輸出」，會更容易做出成果。**

・透過輸出，感受力也會變得較敏銳，更能趨近有益的情報。
・應以輸出爲優先，之後再設法輸入不足的部分。
・要對誤把蒐集資訊當成目標而滿足一事有所警覺。

菁英會在理解所有行動的意義之後，才進行實際作業並從過程中獲得滿足感。因為他們明白，假如耗費過多時間在不知能否做出成果的工作項目上，最終很有可能會落得一場空。

實踐3

切換鈕

A

給要計畫到滿意，
才願意付諸行動的你

記得，規畫時間
是為了實現目標

5-3

時間要用於規畫而不是計畫

菁英在工作的安排上堪稱完美。「什麼事情、要以什麼順序來處理，到何時完成」都會以明確的步驟來進行，因為他們在實際作業之前，就已經計畫好執行順序了。

要在期限之內完成工作，就必須先準備好這樣的計畫書（plan）。這點不只菁英，許多上班族在開始工作前，都會參考自己的行程表來規畫進程。

不過，比起如何使用時間的計畫，菁英會把更多力氣放在整體性的「規畫」（planning）上。我們將一萬多位菁英的訪談內容整理成文字，透過AI分析後得知「規畫」一詞出現五％菁英口中的頻率，竟是九五％一般員工的二．七倍。

「規畫」一詞在編撰企畫書、擬定活動企畫時會經常用到，但在如何安排時間的調查上頻繁聽到，令我感到相當意外。

菁英的時間規畫，重點在於思考接下來「想實現什麼」，以及自己所追求的「結果、目標、意義、樂趣」……等價值。

輸出優先於輸入的菁英，在執行任務前會設法釐清行動的意義和目標。比方說，真正的目標不在於迅速完成工作，而是去思索「為什麼要迅速完成」，並為此提早進行規畫。像是**將提升工作熱忱或自我犒賞列為優先規畫項目，再據此安排執行步驟**。

我本身偶爾也會不自覺地把縮短工時當成目標，在訪談菁英時才驚覺到這一點。當然，在時間內完成工作，不僅能早點回家，還能獲得一些自我滿足感，但要長期持續下去，只將目標放在「迅速完成工作」上就不足夠了。

菁英正因為設定了足夠明確的目標，才能長久維持「迅速完成工作」的做法。這麼做的主要意圖，在於**擁有自己能夠掌控的充裕時間**。

舉例來說，忙於育兒的菁英，會提早將工作告一段落，預留二十分鐘到令人平心靜氣的店家喝杯咖啡、讀點書後，再去補習班接送小孩。

有一位挑戰報考行政書士（編按：專事民法的代書）的菁英曾表示，會保有趁著工作跟唸書之間的短暫空檔，到大型家電賣場閒晃一下的樂趣。也有人會為了想去吃熱門時段大排長龍的拉麵店，而盡早結束手邊的工作。

為了確保這些令人雀躍的時光，他們才如此精心規畫階段性的任務。

配合業務內容執行工作計畫，容易忽略原本的目標。所以菁英會先釐清幾個重點：

- **爲什麼必須提升效率？**
- **提升效率對自己有什麼好處？**

接著，才有意識地開始進行時間規畫。這麼做有助於你對時間有當事人意識，更能專注持續手上的工作。

實踐4

切換鈕

A

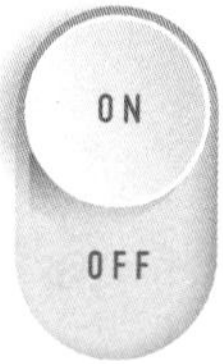

給只把成功視作
唯一目標的你

目標不是確保成功率，
而是降低失敗率

5-4 比起提升成功率，不如設法降低失敗機率

我對於能交出亮眼成績的菁英，都有一種「他們會訂下極高的目標，並朝向目標努力不懈」的印象。

不過，菁英雖然會設定比預定目標更高的標準，但從訪談結果可知，他們**「不會把目標放在極度成功上」**。許多菁英意外地謹慎小心，他們會將跟運氣有關的機會視作風險，選擇踏實地為工作安排行程。

菁英不會將「極度成功」視作目標，而是去優先考量如何「避免極度失敗的策略」。

雖然現在有越來越多企業鼓勵員工挑戰，失敗一兩次或許還好，但相同狀況若重複三、四次，員工很可能從此失去全新挑戰的機會。因為菁英深知這一點，所以也**會將極度失敗時得面對的恢復期視為一種風險**。

對菁英來說，追求高風險、高報酬看似效率良好，但他們更重視迴避高風

險；至於低風險、高報酬，如果不是一場運氣的賭局，就只是單純的妄想。

所以他們不會一味追求高風險、高報酬，而會將目標放在**「低風險、中報酬」**。**盡可能在降低失敗率的同時拿出一定水準的成果**。

具體方法可參考第三章關於追求「低風險．低報酬」的三項重點（參考3-3），以及上一節提到的「時間規畫」。

從目的回推，一做好時間使用規畫，就踏實依序進行，這樣才能在作業開始後，避免造成肉體或精神的疲憊，甚至意興闌珊的情況發生。

而且為了不陷入非必要的作業亢奮狀態，菁英會在過程中刻意停下手邊的作業，妥善安排休息時間。平常整理好辦公桌，也是為了短暫休息時不受其他事物打擾。這些作為背後的想法是，**只要穩定累積「中報酬」，遲早會轉變成「高報酬」**。

另一方面，九五％的一般員工會將目標放在低風險、高報酬，或高風險、高報酬上，所以不是很容易中途放棄，就是遭受重大挫折。

在這個變化劇烈的時代，追求低風險、高報酬的做法，難以實際提升做出成果的機率。穩定累積低風險、低報酬或低風險、中報酬的做法，才能避免出現極度失敗的狀況，盡可能趨近成功的目標。

實踐5

切換鈕

B

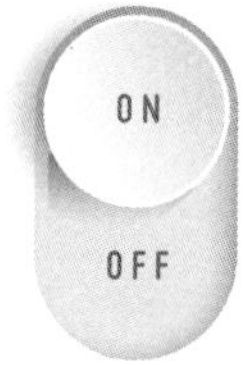

給沒辦法好好活用
短暫空檔的你

將作業細分化
隨時隨地推展進度

5-5 把自己調整到能立即開工的狀態

菁英對於工作管理的重點在於**細分化**。

舉例來說，需要製作樣品時，常需要細分工作上的流程：

「定義案件↓擬定基本設計書↓製作設計圖↓進行十三個項目的品質檢測↓諮詢業務部與企畫部的意見↓編寫說明資料↓編寫操作說明↓接受部門經理的評估↓試算優化的工作時數↓獲得部長授權……」

在過程中，他們會活用 Microsoft To Do 或 Trello 等行程、專案管理工具來執行進度上的管理規畫。

其實到這邊為止，菁英跟一般員工做的事情沒有什麼不同。

只不過，菁英會**將每個流程的作業進一步細分化**。

以「擬定基本設計書」來說，就會像是「製作完成的意象圖↓為實現該意象

的驗證作業→試算工作時數」。透過超細分化流程，能夠達到利用短暫空檔執行其他業務的目標。

習慣於被他人依賴的菁英，在工作中常被搭話，或直接尋求工作上的協助，也必須參加不少內部會議，自己能掌控的時間可說是相當有限，這點讓他們經常沒辦法在座位上好好辦公。

所以他們想辦法**充分利用移動時間或偶然的短暫空檔來進行作業，將任務超細分化，讓自己在任何時機或狀況下都能推展工作進度**。

一般人即使時間上突然有空檔，也很難馬上處理積累的工作。

因為在你想著該做什麼事、挑選專案中適合的項目、思考進行方式的期間，時間也一分一秒消失了。就算只是純粹想要「利用零碎空檔開始作業」，如果沒先確定該做的事情，等到真的有零碎空檔時，反而會去想不做理由，延誤起步的行動。

菁英不指望靠光幹勁來加快投入作業的起步行動。**所以會將必要時可以馬上著手處理的細項業務列入清單中，讓身體在思考不去做的理由前，就能開始進行**

作業。

要像這樣有效活用零碎時間，就必須做好確實的事前準備。假如沒有先準備好「要做什麼」，零碎時間最終只會淪為一事無成的空檔。

切換鈕

B

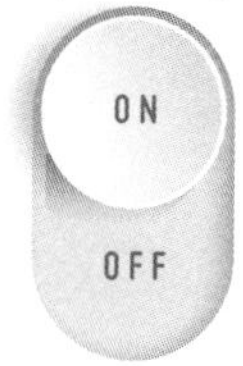

給只知道漫無目的不斷努力
而毫無回報的你

四要件，決定
放棄無效工作

5-6 決定「要放棄什麼事」

「愛迪生歷經一萬次實驗也堅持不放棄，最後終於發明了電燈泡」關於這段史實，很容易讓人有錯誤的解讀。但這段歷史的真義，不在於「重複了一萬次相同的實驗」，而是「進行了一萬次不同的實驗」。換句話說，電燈泡是愛迪生「放棄了九千九百九十九次的實驗」的成果。正因為懂得放棄，才能持續進行下一次的實驗，要是愛迪生執意進行同一項實驗，世界上就不會有電燈泡的誕生。

菁英同時了解**「堅持」與「放棄」兩者的重要性。想開啟一個新挑戰，要先放棄某事才能開始**。我曾過一個說法：「執著於過去的做法，會拖慢初步行動的速度」

然而，決定要放棄什麼事情看似容易，實際做來卻不簡單。

我在前作中也有提到，製作精緻的簡報資料或回覆事務性電子郵件等日常業務，即使放棄也不會對業務造成太大影響，卻是長期養成的習慣。

那麼，五％的菁英如何決定「要放棄什麼事」？我們透過個別訪談調查，大致歸納出四種方法。

①以「抵換原則」來思考

菁英深知「想要得到些什麼，就會失去些什麼」的抵換原則（trade-off）。對他們而言，時間管理等於優先事項（priority）管理，很重視該在什麼地方投入力氣，該在哪些地方偷工減料。

為了拿出最具影響力的成果，他們會先找出要花力氣處理的重點，然後全心投入，將有限的時間做最大化的利用。

以「決定偷工減料之處」來看，我們可以說菁英的時間術相當狡詐。不過，也正因為這份聰明又狡滑的計算，才得以做出放棄的決策。

在這個變化如此激烈的時代，我們很難徹底迴避風險，所以「決定要用失去什麼來換得什麼」的想法就顯得更加重要了。

想避免失敗，完全不行動是最安全的選擇，但這樣也無法找到新機會了。然

而，若整體利益大於壞處就該採取行動。不能為了微小的風險，就輕易放棄近在眼前的機會。

舉例來說，有個想靠機靈的銷售話術來提高業績的人，卻堅持「因為不擅長科技工具，所以不做線上業務。只想全力投入能確實提升成果的面對面銷售業務」，但這麼做將失去開發線上客戶的機會。

「放棄」與「投身風險」的背後，其實也潛藏著「好處」與「機會」。倘若能做出明智的判斷，必定能得到豐碩的成果。

②「理想」優先於解決方法

很多人面對待如何解決的大量工作，往往會想著「總之趕快處理就對了」。但只顧著解決眼前的事情，會讓同樣的問題一再出現，無法從根本解決。

關於這點，令人意外的是，許多擅長控管工作時間的菁英，比起工作會優先考量與家人相處的時間，或是為了享受自己的興趣而提早完成工作。

我們透過訪談尋找背後的原因，結果得到令我恍然大悟的回答：**「先決定人生的優先順序，會更容易從根本解決眼前的課題」**。

明尼蘇達大學的名譽教授桑尼・漢森（Sunny Hansen）博士，為美國職涯諮詢發展史提供相當大的貢獻，她將人生的主要意義劃分為四種項目（通稱4L）：

Labor（**工作**）**、Love**（**愛**）**、Learning**（**學習**）**、Leisure**（**休閒**）。

思考人生的理想圖時，這四項的排列順序非常重要。甚至有位菁英表示：「4L的優先順序，會大幅改變一個人的工作方法」。

有時從宏觀的角度思考包含工作在內的人生願景，會意外找到自己真正想投注心力的地方，而非工作中的優先順序。

倘若以對家人的「Love（愛）」為優先，就不必執著於眼前的微小成功，而是從失敗中不斷學習，再考慮獲取成功的手段。

從這樣的角度來思考，就**不會受到外在因素影響，以自身為軸心來決定「要放棄的事情」**，不是嗎？

附帶一提，建議每半年重新評估一次4L的優先順序。

③檢視是否將手段誤當成目標

假如想實現的理想夠明確，就能乾脆割捨與目標無關的手段。與此同時，若能整理出工作與人生的優先順序，你會為了篩選出更重要的工作，而**區分究竟是手段亦或目標**。

特別是那些明明有一堆待完成工作，卻總是時間不夠用的人，更要針對必須馬上進行的工作是「目標」還是「手段」，然後試著盤算該投入多少心力。

你可以用下面三個提問來作區別，如自問某項作業是：

「目標本身？」

「為了達成目標的手段？」

「與目標無關的手段？」

假如想進一步縮短工時，就應該盡量精簡「為了達成目標的手段」，針對直接連結目標的工作投注最大的心力。此外，為了達成目的而執行策略時，也不能漫不經心地面對眼前的作業，因為**重點在於隨時抱持達成目標的意識，排除偏離軌道的行動**。

這就如同一個想爬山的人，很難光靠胡走亂逛地散步來登頂一樣。你必須先聚焦山頂來估算還有多久才能抵達，然後做出為了登頂該如何分配體力的策略，最終才能順利抵達山頂。

只要把「工作目標（山頂）」當一回事，自然能開啟通往成果的道路。

④捨棄外圍，聚焦內圍

菁英會避免在自己無法掌控的（外圍）項目上耗心費神。例如國家法律、企業工作規範、社會情勢或職場上下關係等無從改變的問題，他們不願花太多心力或因此累積壓力。

有些菁英甚至提到「扯競爭對手後腿或刻意讓上司難堪的行為，簡直是在浪費自己的時間和精神」「對上司的抱怨，下班後去喝一杯時再說就好」等看法。

盡量**聚焦在自己能影響的範圍（內圍），再從中想辦法分配時間。妥善整理內圍和外圍，你就不會做出試圖影響外圍環境的行動。**

透過這四種方法，建立自己的「放棄標準」才能培養放棄的習慣，增加展開

新行動的機會。

如此一來，你將能朝決定好的目標筆直邁進。

實踐7

切換鈕

B

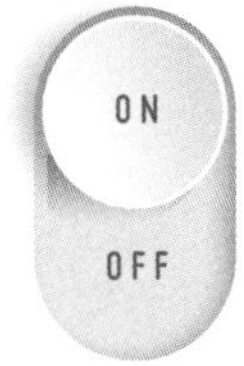

給遲遲難以決定
「放棄事項」的你

建立放棄的
「檢查程序」基準

5-7 建立放棄標準的「檢查程序」

當菁英以自身標準盤點過業務後，會心無旁騖地極早採取初步行動投入工作，他們深知用短時間的專注來積累作業完成度的重要性。

但這裡的「心無旁騖」所指的絕非「對周遭視而不見，只埋頭努力」，而是因為他們**隨時將達成目標一事放在心上，留意不要誤將手段錯認為目標**。

另外，為了用最短距離達成目標，菁英會先繞一點遠路。

他們深刻理解「累積微小的失敗，有助於通往巨大的成功」，因而故意去做不擅長的業務、積極吸收各方知識，思考能否應用在自己負責的業務上。

菁英之所以能拿出夠亮眼的成果，就在於會先掌握行動的目標與意義，然後明確決定「要不要行動」，如此便能持續筆直地朝向目標前進。

但這不是說他們必定能做出正確的判斷。很多時候也會因為認知偏誤而去處理不必要的工作，或在開始作業後才發現事情不如預期。

為了避免這種判斷失誤出現，他們才會盡快展開初步行動、增加行動量，並且在過程中捨棄不必要的作業。

為了有效確認這類認知差異來修正行動，菁英都有一套共通的「放棄標準」檢查程序。因為他們儘管行動量很大，卻相當討厭浪費時間，所以會明確定義可以放棄的不必要事項。

舉例來說，五%的菁英平均一年會閱讀四十八．二本書，其中不包括看到一半放棄的書。他們在書店選購書籍時，會稍微瀏覽書名、作者介紹、目次及序章，來決定要不要購買。但即便花錢買下來了，還是可能看到一半就放棄了。

此外，他們平均一個月會參加二．四場的網路研討會，但中途退場也是所在多有。

以上述閱讀和參加研討會的例子來說，行動前就已決定好放棄的標準，大致如下：

・關於閱讀，只要看到三次理念不合的內容，就不會繼續讀下去。

・關於網路研討會，一旦開始介紹與自己無關的產品內容，就中途退場。

放棄標準，除了不過度浪費時間，也有加速展開初步行動的效果。

保有中途放棄的彈性空間，以及修正做法的檢查程序和標準，也能大幅降低採取起步行動的心理門檻。因為要開始去做什麼時，很難完全排除不安或擔憂的情緒，導致一個人遲遲無法付諸行動。

不過，只要放棄標準夠明確，就能不假思索地向前邁進。

的確，若要人做出決定後就不能反悔的選擇，會特別花時間，但假如有讓人覺得「即使做到一半發現有問題，也能隨時收手」「可以反悔」的標準，便能減少煩惱該如何選擇的時間。

菁英透過一邊增加行動量來加快初步行動、一邊用「放棄標準」來避免失敗，然後確實達成最終的目標。

實踐8

切換鈕

B

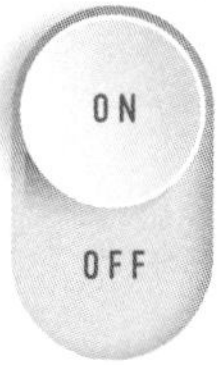

給沒有筆記習慣的你

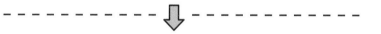

讓筆記的強大功效
融入日常生活中

5-8 手寫筆記是超強輸入工具

五％的菁英習慣沒事就做筆記，即使是不可能忘記的細微小事都會記錄下來。透過訪談詢問原因，他們回說動手寫筆記的過程有助於強化記憶。

藉由活動肌肉來學習的方式，可稱作肌肉同步記憶（synchro muscle study）或者情境記憶（episodic memory），經過實驗證明，人的記憶力可透過運動活化腦部來提升。

位於美國亞特蘭大市的喬治亞理工學院，曾發表一樣實驗結果，指出在持續二十分鐘的肌肉訓練之後，能有效提升一〇％記憶力。

此外，瑞典卡羅林斯卡醫學院的研究者安德斯．韓森（Anders Hansen）在著作《真正的快樂處方》（究竟出版）中，也提及運動如何影響學習效果：

- **跟坐著學習相比，邊活動邊學習，更能讓記憶力和記憶量獲得明顯提升。**
- **運動有助於強化集中力、記憶力和創造性，甚至能提升抗壓性。**

令人意外的是，比一般人更加重視效率的菁英，反而不太使用 OneNote 或 Notion 這類數位筆記應用程式，而是以傳統的手寫筆記居多。使用的人數比例幾乎跟一般員工相同。

只不過，兩者的活用方式有相當大的差異。

菁英會**充分將寫筆記的動作，活用於「溝通」行為上**。

不只是寫筆記的行為本身，也要刻意讓對方看到自己在寫筆記的模樣。寫筆記的模樣代表**「我很認真在聽你說話」**，給人一種在聆聽的印象。

然而，開線上會議時，敲鍵盤的聲音可能會很吵，甚至可能會對發言者造成妨礙。所以菁英會轉而書寫在紙本筆記本上，同時讓螢幕另一端的人看到這個畫面，主動展現樂意聆聽的姿態。

筆記的作用除了避免忘記，也有事後回顧加深印象的效果。先在腦中整理文字訊息，對下一步行動會更有幫助。

菁英也會向他人傳達自己從資訊中得到的洞見，或者透過自省來尋找改善的方法。

對他們而言，筆記不只是單純的「輸入手段」，也是積極展現聆聽姿態的溝通利器，藉此與他人產生連結，提升寫筆記這項行為的泛用性。

切換鈕

實踐9

C

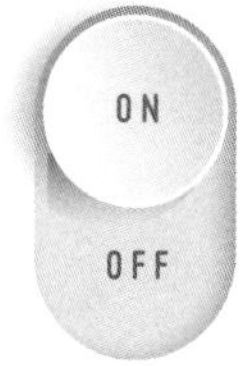

給回過神來，
才發現工作到深夜的你

別再追求
慢工出細活

5-9

不慢工，也能出細活

菁英雖然會用最快速的方式來完成工作，但可不代表輸出水準因此低落。他們接下工作時，會準確掌握委任方的期望值，並在過程中邊確認是否符合期待邊進行作業。

我聽取調查的錄音檔時，印象最深刻的是，菁英都會在接下工作後，主動向上司確認期限和製作過程好幾次，幾乎到了對方可能覺得麻煩的程度。

但之所以確認這麼多次，其實是別有用意的。

這些菁英表示：「接到工作的當下，對方可能對於完成的具體形象還不夠清晰，所以隨著我的多次提問，可以達成一起輸出並提高品質的共同作業。」

確實，如果委任方的完成想像很曖昧，那麼花再多時間也很難達成對方的期望，或者讓成品得到認同。要是在最初搞錯對方的意思，只會讓後續作業程為變成白費力氣。

所以菁英會不斷透過提問，將對方的期待具體化，而對方也在表達的過程中，**讓工作成為一項雙向的共同作業**。

而且先確認好對方的期待值，能更專心地進行作業。換句話說，在了解必要事項之後，就能筆直朝目標前進。以文字類型的工作來形容，就是**即使多少有錯字，也能迅速地打出長篇文章，而非在過程中邊確認邊緩慢推進**。

能持續超越他人期待的菁英，總給人做事縝密、踏實地累積成果的印象，但其實他們工作的方式出乎意外地隨便和粗率，以向前推進為優先。

當然，草率的成果無法超越委任方的期待值，所以會在最後的最後做確認和修正的統整作業。

這種方式十分具有參考價值，所以我也運用在自己的寫作中。

我以前寫作時，都會同步進行確認跟修正作業。但現在即使有些錯漏字，也會先快速地寫下去，直到每章結束後才回頭確認，或請線上助理代為校對，結果產出文字的效率竟比過去提升二～三倍之多。

六年前我第一次出書時，花了半年以上才寫完一本書，現在只要一～二個月

就能完成了。

菁英的「不慢工出細活」原則，大多數上班族都能模仿套用。

我開設的簡報資料製作班，約有二萬三千名學員，許多人在實行「不慢工出細活」原則之後，紛紛驚喜地表示「製作資料的時間少了大約一成」。

實踐10

切換鈕

C

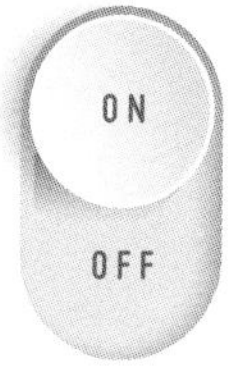

給在意太多細節，
無法專注工作的你

設法減少
「煩惱、擔憂的時間」

5-10 減少花在「煩惱和擔憂」的時間

世上應該沒有零煩惱的人吧。即便是經常做出亮眼成績的菁英，也會有不為人知的煩惱。如果是因工作而煩惱，時間就會被負面情緒損耗殆盡。比方說，明明應該專心處理期限將至的工作，卻不停聯想到過去的失敗經驗，

不停回想過去的失敗經驗，又稱作「反芻思考」，這種時常因為過去而煩惱的行為，被視為形成憂鬱症的原因之一。

我本身也有過兩次憂鬱症的病史。那時的我，總會在睡前不斷回想起過往來自他人的荒謬指責，結果導致睡眠時間越來越少，最終引發了憂鬱症。這正是反芻思考帶來的負面效應。

人不可能沒有煩惱。

但只要充分理解煩惱的架構，至少足以避免對工作產生影響。

接下來，我將介紹菁英在面對煩惱時，常見的三種思維模式。

①旁人目光是你的幻想

有多少人能充滿自信地說出「我可以客觀地看待自己」這句話呢？我想應該不多吧。這也導致人們會任由「不知道別人怎麼看我」的不安感膨脹，或者因為「不想被別人瞧不起」「不想丟人現眼」之類的負面想法而煩惱。

這算是一種自我中心的想法，說得難聽一點，是自我意識過剩才會以為「別人都非常關注自己」。

然而，**世界上絕大多數的人，其實不會一直花心思在特定對象身上，你身邊的人也沒有你以為的那麼關注自己**。

一旦明白這一點，就能從「在意周遭目光」的不安和煩惱中解脫了。

五％的菁英當然十分清楚這項事實。

②專注當下，而非沒人知道的未來

照現今變化的激烈程度來看，誰也無法準確預測兩、三年後的自己會是什麼

模樣。

就連擁有豐富資產和優秀員工的大企業，都很準確預測未來，很多事情無法按計畫實現。

以德國豪華車廠賓士（Benz）和BMW為例，兩間公司在創業初期，都是以製造、販售飛機為業務主軸，只是隨著第二次世界大戰結束，連帶使得飛機的銷售額大幅下降，直到轉型成汽車製造業後才取得了成功。日本的軟銀集團（SoftBank）當年也只是一家推銷套裝軟體的小公司，現在卻發展為成立願景基金的大型控股公司。

從這些全球大型企業的成功案例可以得知，**即使去思考未來的事情，我們也無從得知真正會發生什麼事，所以對未來感到不安或憂慮只是浪費時間，不如捨棄這些不必要的想法。**

當然，應該為了能預測的未來做好準備，菁英也說道：「花在煩惱或擔心的時間，得到最大化利用的可能性很低」。

他們認為思索長期性目標也無益現實，所以專注在當下的事情就形同最萬全的準備了。

③將全副心力集中到擅長的事情上

企業內部的研修課程，比起「深入擅長的領域」往往更傾向「透過學習減少不擅長的事情」。

我明白企業希望培養員工成長，以符合需求的技能水準。不過，人有時無論再怎麼努力，也不一定能「克服不擅長的事情」。

事實上，即使耗時間克服了原本不擅長的部分，最後達到稱得上「擅長」的水準的可能性也很低。

與其為了克服不擅長的事情而浪費時間，不如專注在自己擅長的領域上，做出超越他人的漂亮成績，才是報酬率最高的做法。

好好做規畫，將原本花在不擅長事物的時間，轉而投入自己最擅長的領域上吧。

必須努力克服不擅長的事情時，可以先設定一個放棄的標準，當你覺得不可能再學會更多時，就增加更多時間給擅長的事情，提升自己的稀有價值。

菁英就是透過這些技巧，徹底發揮自己的強項。

個人的稀有價值，在勞動力市場上是相當重要的差別化要素，同時也是發展新商機的原動力。

切換鈕

C

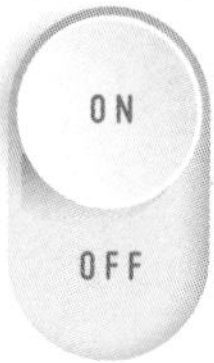

給因為想快點完工，而感到不耐煩的你

太過心急，反而浪費時間

5-11 考量到投資報酬率，欲速則不達

有些人因為不想浪費時間，只要遇到稍微覺得「花時間」的事情，就會變得比較沒耐性。

這類型的人，只要一有事情無法順利進行就會很焦慮。尤其是他人動作很慢的時候，就會覺得對方在「浪費時間」，而陷入不耐煩的狀態。向他人散播這種負面情緒，只會讓氣氛變得尷尬，也無法根本解決「動作太慢」或「浪費時間」等問題。

更糟糕的是，這種焦躁的情緒會變成惡性循環的起點。

一旦產生不愉快的情緒，就會被牽著鼻子走。尤其當有人不按照自己的想法來做事，會感到加倍焦慮。帶著這份情緒，自然很難繼續專心工作。

也就是說，**焦躁感不只會影響他人，也會為自己帶來負面影響**。

菁英給人嚴守時間又急性子的印象，卻出乎人意外的不是那麼一回事。他們大多散發著一股餘裕感，舉手投足也很輕緩放鬆；不僅談吐穩重，會配合對方的步調，輕輕點頭、慢慢說話。

究其背後原因，這些菁英的回答令人驚訝：「**太過心急，反而浪費時間**」。因為一旦過於心急、陷入焦慮，憤怒的情緒很消心力，讓人無法做出冷靜的判斷。

任誰都有希望別人動作快一點的時候，但菁英在這種時刻，絕對不會情緒化地要求或命令對方。而是站在對方的立場思考，該怎麼做才能使雙方互利，再以能打動對方的語調耐心說服對方。

他們就是以這種有條不紊的態度，累積與他人相處的竅門。

人一旦失去精神上餘裕，就很難做出正確的判斷。菁英深知假如深陷於這種狀態，反而會在沒必要的作業上浪費時間和心神。

就算是菁英也不可能免除憤怒、難過掉淚等情緒化的一面。但他們明白，只要充分安排修復自律神經的時間與空間，就能盡量做好情緒管理。

實踐12

切換鈕

C

給總是覺得
「自己好沒用」的你

選擇正向用詞，
來取代自我否定

5-12 要知道，自我否定只是一種「妄想」

任誰都有弱點和不擅長的事物，菁英也不例外。但若為此煩惱，甚至自我否定，就會被「我為什麼這麼沒用？」「這樣的我，以後該怎麼辦？」之類的焦慮情緒所吞噬。無法肯定自我，只會加深煩惱，進而影響工作表現。

菁英懂得適時重設「自己不如人」的錯誤認知，為此而實踐的方法是「**尊重自己的判斷**」跟「**選擇正向的用詞**」。比方說，每當猶豫「這項工作需不需要事前準備？」「這項業務該不該繼續下去？」的時候，不要執著於正確性或會議等場合的議論結果，而是憑藉自己的直覺來判斷。

另外，當事情不太順利時，盡可能選擇正向用詞來取代。例如，感到自己的部屬能力不足時，用「有很大的成長空間」來取代「嫩到派不上用場」的說法，這樣自己和對方都能採取更為積極的行動。

這點對自己也一樣。把「我比別人差」的妄想化作正向詞句，當你願意推自己一把，便能提升行動力。

COLUMN

菁英喜歡橄欖球勝過棒球，爲什麼？

關於五%菁英的獨特性，我們分析數據後發現，許多菁英都很喜歡橄欖球。在調查中回答「喜歡看橄欖球比賽」的人數，竟是一般員工的四．二倍，而受到九五%一般員工壓倒性歡迎的運動項目，則為棒球、足球跟高爾夫。

當我們詢問菁英喜歡橄欖球的理由，或者過去為什麼會去打橄欖球時，除了欣賞球員天生魁梧體魄的回答外，也頻繁出現「瞬間判斷力、團體意識」等關鍵字。還有像是在球場上要根據對方動作來進行攻擊或防守，以及要在瞬間判斷是否進行衝刺等細節，都令菁英感到十分有趣。

橄欖球需要的瞬間判斷力，確實遠高於棒球或高爾夫。菁英下決定的速度相當快，而且具備立即行動的靈敏度。或許他們是對這一點，看到球員與自己的共通點而產生親切感。此外「團體意識」和「公正」這兩個關鍵字也出現了不少次。許多菁英提到：「比賽結束之後，和對手互相擁抱，

以及兩隊選手和裁判之間的關係，都是橄欖球的魅力。」

我其實不太清楚橄欖球的規則，但菁英對橄欖球的熱愛令人折服，以至於我不知不覺間也迷上了橄欖球。

在橄欖球賽事中，常看到裁判和球員之間談笑風生的畫面。先是球員主動要求裁判說明判定的標準，接著展開一連串對話。其他類型的運動賽事上，通常在裁判與球員之間，只會出現判定或抗議的畫面，所以橄欖球特有的溝通方式確實令人驚訝。

橄欖球賽的裁判似乎不代表客觀的第三者，比較像是參與球賽的一份子。在球場上，不論敵隊球員或裁判都是同伴般的存在。

菁英也是以這種團體意識來與工作夥伴相互琢磨，共享辛勞與成就感，所以才會被球賽中融為一體的氣氛所吸引吧。

菁英乍看下或許不近人情，只專注於達成目標，但也有不少人比想像中要來得溫和、爽朗，以柔軟姿態來擄獲人心。而且比起他人認同，他們更滿足於達成感，將自己定位為「團體中的個人」，拿出超乎期待表現。

或許是出於偶然，但運動界中最能體現這些的就屬橄欖球。

第6章

明天起準時下班的「ABC按鈕」

——個人篇

6-1
時間管理

不知道該從何處著手時

在週五寫下兩個「重要工作」

想以最高效率完成工作，重點不在於思考如何「削減時間」，而是「該做什麼事」。為此必須找出與目標有高度相關的工作項目、設定為最優先的事項。

有一個「大石頭理論」可用來說明。當你往桶子裡隨機放入小石頭跟大石頭，最後就會裝不下大石頭，所以要先放完大石頭再放小石頭。

時間管理也是同樣的道理。

優先決定重要的工作（大石頭）的時間分配，剩下的時間再塞入細項任務，如此便能以最高效率拿出成果。

五%的菁英為了執行這個做法，週五會將「下週最重要的兩個任務」筆記下來。他們大多習慣在週末前的星期五下午，用大約十五分鐘來回顧過去一週執行的計畫。然後，在這段自省時間挑出做不出成果的任務，並且找出能持續做出成

果、應該去執行的「重要任務」。

這個行動，不僅能提高效率、減少徒勞無功，中長期下來也展現出為了得到成果，而將重要任務（大石頭）列為優先考量的「效益第一主義」作風。

我們詢問幾位菁英列出兩個重要工作的理由，得到最多的回答是：**「為了持續改善做法」「降低執行的心理障礙」**。因為硬要列出三、四個重要任務，很容易增加無謂的心理壓力。確實，要人一口氣完成超過三個大型案子有相當難度，但如果只有兩個，會比較有能堅持下去的確信感。

至於選在週五下午筆記的理由，則是：**「想以好心情迎接星期一」「能在週一及早採取初步行動」**。

假日前先決定好工作的優先順序，就能減輕「星期一症候群」帶來的精神負擔。而且若週一一早就清楚該做的事情，也比較能以好情緒來衝刺工作。

備受期待的菁英，接到插隊任務的機率是一般員工的一．三倍。

不過，**其實這類「插隊任務」反而有助於提升菁英的工作效率**。

每逢手上要處理的插隊項目增多，菁英就會重新調整優先順序和處理步驟。

像是放棄重要性低的作業，或者將制式業務委託其他有空的同事協助，藉此提升生產力。

關於這些臨時性的插隊工作，有菁英提到：「越是遇上這種狀況，越會提醒自己要保持時間與精神上的餘裕」「碰上這種狀況，我學會勇敢放棄沒必要的業務」。

大多數上班族手上都有很多工作要處理。然而，若只是瞎忙著消化這些工作，無論有多少時間都不夠用。

所以不妨效法菁英的做法，養成習慣提前寫下「下週的重要任務」，這樣即使插隊工作如雪片般飛來，你也能應付自如。

6-2
時間管理

很難保持專心做事時
以四十五分鐘爲單位來處理工作

五％的菁英會在作業前先為時間作分段安排。

即使只進行到一半，一旦分段時間到了，他們會立刻停下來休息，之後再度衝刺快速推進。其目的不只是為了提高處理效率，也是為了處理更多作業。所以才下功夫確保較長的專注時間，以分段的方式來作業。

大多數的菁英會以「四十五分鐘」為單位來作分段。

最常見的情況是工作**四十五分鐘後，站起身來大口深呼吸、補充水分或上個廁所**等。比起「完成了多少工作」，他們**更在意「能重複幾次專注的四十五分鐘」**。

要在既定時間內完成工作，重點不僅在於速度，也要有足夠的作業量。所以為了更快處理更多的工作量，就必須設定好「能發揮一〇〇％能力的時間」。

然而，人的專注力和精神是有限的，很難連續工作四、五個小時。即使能保持專注三小時，在現實層面上，一天重複好幾次也相當困難。

我們在三十九家公司進行了一項行為測試，將員工分成「不休息連續工作五小時」與「每工作四十五分鐘休息一次」兩組，來比較其工作成效。

結果顯示，後者的效率是前者的一・二倍～一・五倍。

每四十五分鐘就休息一次的團隊，哪怕多一分鐘也好，也會設法拿出一○○%的表現，而不指望單靠「體力」或「幹勁」來達成。

即便能得到滿滿的成就感，但拖拖拉拉地工作無法直接導向成果。

為了在有限的時間內完成工作，就必須控管好自己的專注力和能量。

6-3
時間管理

當工作成爲目標本身，自覺快撐不下去時
開口說出給自己的獎賞

我認為「完全提不起勁，工作步調快不起來」「雖然有心要做，但做不完的工作堆積如山」……這類狀況，是難以透過架構方法來解決的效率問題。

所以此時不妨準備一些類似「完成這項作業後，就吃個蛋糕吧」這類鼓勵自己的獎賞吧。**讓偶爾為之的犒賞，成為激勵自己「盡快完工」的動力**。

而且建議你盡量大聲說出獎賞的內容，刺激自己的潛意識。或者也可以透過向旁人公開宣言，營造出不得不採取行動的狀況。

假如獎賞成了目標，就會以完成工作為優先，而不是明明工作已經堆積如山，卻還追求一〇〇%的完美。

6-4
時間管理

忙碌到毫無成就感時
建立「被認同」的機制

我們曾針對企業客戶旗下合計約十七萬名的員工，進行了一項關於「工作意義」的問卷調查，並且透過AI分析從中擷取關鍵字。結果發現，其關鍵字隨著時代變遷產生了很大的變化。

舉例來說，日本開始推動勞動方式改革的二〇一七年，就頻繁出現「時間、加班、假日，以及與家人相處的時間」等關鍵字。

到了二〇一八年和二〇一九年，最常出現的詞彙變成「認同、成就、自由」，我們因而確認，重視效果勝於效率的上班族有逐漸增加的趨勢。

到了二〇二〇年~二〇二二年，在新冠疫情的影響下，大約六七%的上班族有遠距工作的經驗。不過，因為「難以評價不在眼前的部屬」而煩惱的主管也相繼出現。

另一方面，許多上班族開始留意到去公司不一定跟工作劃上等號，進而思考

可以如何透過工作，來回饋社會的人也在急速增加。

事實上，在二〇二一年的「工作意義」調查中，針對「何時會感到工作有意義？」這個自由填寫的問題，回答中最常出現的三個關鍵字是**「認同、成就和貢獻」**。

而二〇一八年與二〇一九年的則是「認同、成就和自由」。由此可見，「自由」在新冠疫情後被「貢獻」取代了。

若想贏得這些關鍵字，就有必要建立一套流程，做出讓公司和上司認同的成果，唯有當你的成就與貢獻得到了認同後，才會在「交給你很放心」的意義上給予你充分的自由。

為了建立這套流程，菁英首先會致力於訂定與上司的共同目標。

這個目標要讓各方人馬都能接受，重點在於定量而非定性。遵循年度績效考核的項目，詳細且具體地整理出為達成所需採取的行動，設定成定量的指標。

而且要將行動目標納入每週的行事中。只要能定時、定量達成這些行動目標，除了獲得上司的認同，你自己和上司都能得到相應的成就感。

菁英不希望上司干涉細節（微觀管理），而是想以自己接受的方法，踏實地達成目標。

為此就必須主動讓上司了解行動的目標和進度。而且菁英與一般員工的差別在於「即便進展不順利也會主動報告」。

如果只報喜不報憂，反而會徒增上司的不安。要是連不順利時也如實告知，上司也會比較安心，甚至會視情況提供人力上的協助。菁英透過工作進度的報告，成為能巧妙運用上司及周遭資源，在組織內部具有影響力的存在。

為了獲得「認同」而與上司一起建立行動目標，並藉由把進度視覺化，來取得上司與旁人的信賴，然後以「自由」的方法「達成」目標，為社會做出「貢獻」。

菁英透過這樣的做法，將實現調查中出現的「認同、達成、自由和貢獻」等關鍵字，轉化為自己的一部分。

6-5
強化自制力

當你感到時間轉瞬即逝時
用指針時鐘來激發逆向思考

做事細心又不拖延的菁英，會隨時留意截止時間，而且規畫好能如時完成的步驟。

加上他們認為能毫無問題順利進行的計畫極為稀有，所以會在保留一些緩衝時間的情況下，在截止期限前完成。將期限放在心上除了有遵守期限的效果，也能提升業務處理的速度。

這裡的截止期限，不是指要在「哪天**之前**」「幾點**之前**」完成，而是以「**還有幾天**」「**還有幾小時**」的角度來計算，才能「**有意識地倒數剩餘時間**」。

從期限逆向推算，確認還有多少時間，依此在過程中頻繁地進行判斷，哪些是最低限度的必要作業，哪些是應及時放棄的作業。

此外，為了強化大腦前額葉留意截止前還剩多少時間，要進一步將時間視覺化。其中**最具視覺效果的，就是桌上型「指針時鐘」**。

數位電子鐘能馬上知道時間，電腦或智慧型手機也能立即進行確認，使用上堪稱相當方便。但這些菁英表示：「若要更直覺性地掌握剩餘時間，指針時鐘比較好。」

確實，能看到時鐘的長針跟短針，除了可以瞬間明白剩餘時間，而秒針與分針的移動，更能帶來「期限將近」的適度緊張感。

菁英會透過逆向思考，來達成時間管理的目標，並藉由刺激眼睛和大腦，提升整體的工作效率。

6-6
強化自制力

當你自覺意志薄弱，很難持久作業時

跟三位旁人分享行動目標與截止期限

相信不少人都有過這種經驗吧，明明理解應該去執行任務，卻拖了好久才著手處理。然而，等到有心情動工時，又因為起步太晚導致超過期限。

但五%的菁英不會光靠幹勁來做事，所以會花心思做好準備，無論自己有沒有幹勁，都能按下開始行動的啟動鍵。

具體來說，菁英若遇上不擅長的任務，會為其行動目標訂定明確的完成期限（截止日期）。不是設定「大概月中完成就好」這種曖昧的期限，而是嚴格設定時限，如：「四月二十八日下午四點前完成」「距離截止日期還有〇天」。

一旦期限夠明確，就會本能地打開想要死守的切換鍵，專心投入不得不處理的工作狀態，這種心理機制又稱作「期限效應」。

更甚者，為了強化行動及具體實行，也會借助旁人的力量。比方說，利用**「宣言效應」，主動告訴三位同事自己的行動目標和期限。**

「宣言效應」是與旁人共享自己的行動目標以及達成期限，來讓目標更容易達成的效應。這麼做會產生「不想被人瞧不起」的想法，給自己施加一定程度的心理壓力。

菁英會透過決定期限，驅使本能著手處理工作的「期限效應」，以及由於在意旁人目光，進而強化行動的「宣言效應」，來強化自己的自制力。

我們請二・二萬人嘗試重現菁英的時間術，為所有行動設下了期限。結果，由於實驗內容與進度都在公司內部共享，成功實現了期限效應與宣言效應帶來的效果。

充分利用期限效應及宣言效應的九五％一般員工，紛紛向我們驚喜地提到：「感受到實際的改變」「效果出乎意料地好」。

6-7
強化自制力

因過度追求完美而卡住不動時
每週打掃一次廁所

聽說很多完美主義者都有潔癖。但最妙的是，有潔癖的人往往不擅長打掃。可能是因為抱持著「我太整潔自愛到見不得髒污」「太過完美到難以輕易捨棄物品」的心情吧。

這類有潔癖的完美主義者，最適合去打掃廁所了。

當五％菁英實際嘗試後，甚至回饋說：「打掃廁所，其實對於提升自我肯定感蠻有幫助的」。**率先去做許多人不願意碰的打掃工作，既容易產生成就感，也能有效提升自我肯定感**，甚至有不少富人也會堅持「親自打掃廁所」。

當你感覺自己因過度追求完美而卡住不動時，不妨用打掃廁所來獲得成就感和自我肯定感，用力按下行動力的切換鈕吧。

6-8
提升專注力

因遠距工作難以保持專注時
利用耳罩式耳機

若想提升專注力，就有必要讓精神保持放鬆。

菁英會在休息時間聽聽喜歡的音樂，讓空間保持適當的溫度、濕度，欣賞觀葉植物等，營造舒適的環境來提高專注力。**也有人會選用耳罩式降噪耳機，聆聽高解析音訊的樂曲來放鬆情緒**。

所謂的高解析音訊，就是收錄連CD都很難收錄的表演者呼吸聲、演出現場的氣氛等，能感受到細微聲響和韻味的高品質音訊。

人在作業的時候，聽覺也扮演相當重要的角色。

為了避免聽覺疲勞，耳罩式降噪耳機可以發揮不錯的效果。畢竟遠距工作時，無意識間聽到的持續性噪音跟雜音，都會使大腦感到疲憊。

有位菁英提到：「白天的噪音也會影響夜間的睡眠品質」，因而要盡量將遠距工作的環境控制在無聲（或降噪）的狀態。

另外，對方還說：「想讓左腦俐落地工作，安靜無聲的狀態最為理想」。假如選購附麥克風的耳罩式耳機，還能直接參加線上會議，而且既不容易造成聽覺疲勞，也能集中精神持續進行作業。

6-9
提升專注力

當你因無法保持專注而煩惱時

變更通知設定

我們的專注力，很容易被情感值高的事物所吸引。

所謂的情感值，是指AI在分析人類的喜怒哀樂等情感時的數值表現。工作上發生討厭的事情時，憤怒的情感值會上升；聽到支持的棒球隊獲勝時，喜悅的情感值也會大幅升高。

不少人為了工作需求，而使用推特或臉書（Facebook）來蒐集資訊。我不反對工作時使用社群軟體，但更新通知帶來的各種訊息，容易讓人因情緒高漲而分散掉注意力。如此一來，就無法結束原本該完成的工作。

假如工作上會用到推特的私訊功能，最好考慮以電子郵件或通訊軟體的對話功能來取代。因為要是職場與私人事務的界限曖昧不分，會搞不清楚自己到底是在做事還是遊樂，削弱時間控管的意識。

菁英深知關注社群軟體不僅耗時，也會剝奪專注力，所以**工作時會主動關閉社群軟體**。比方說，手機的首頁畫面不放社群軟體的圖標，而是改放到第二或第三個畫面上。

另一方面，會優先將工作用的商用應用程式，或者緊急聯絡用的通訊APP放在首頁畫面上。社群軟體和影音播放軟體等私下使用的應用程式，則要滑到後面才看得到，用這種方法來預防分心。

只要設定這樣的機制，就可以限制無謂的行動。某位菁英甚至提到：「假如有在用微軟Windows 10或Windows 11，還能設定虛擬桌面來區隔工作和私人用的系統喔」。另外像是Slack和Teams等商務應用程式，他們也會透過設定，讓重要度較高的訊息更為顯眼。

一旦變更好通知設定，就能使系統積極通知重要關注對象，以及有重要關鍵字的貼文，甚至他人標記自己的內容（例如含@的貼文）等。

此外，儘管菁英偏好在十五分鐘內回覆寄給自己的電子郵件或聊天訊息，但

也不會為了迅速回覆，時時留意訊息通知。而是如同前述，**設定成只有重要聯絡時才會收到通知**。

適度確認重要的事項，再做出迅速的應對——菁英深知，唯有這麼做才能提升整體團隊的表現。

6-10
提升作業效率

當你發現自己有點健忘時
動手寫下來

對於一天會遺忘近七成資訊的人類來說，寫筆記是提高認知生產力的有效手段。另外，邊聽人說話邊寫筆記的模樣，也可以向對方展現自己的關心與敬意，進而建立良好的人際關係。

只不過，要避免將寫筆記本身視作目標，而且要養成回顧筆記的習慣，否則成效有限，這點上一章也有詳細說明（參考5-8）。

我們詢問菁英如何作筆記，很驚訝地發現很多是手寫派。原以為用電腦或手機輸入文字的效率較高，卻有不少人會把記事本放在鍵盤旁邊，或者乾脆用觸控筆在手機或平板上書寫。

在經過訪談調查後，我們得知這是因為菁英很重視下面兩點。

第一，對他人展現敬意。一邊聽人說話一邊做筆記的舉動，可以展現出對對方的重視度，並藉此運用對方的影響力。

第二點，活用身體記憶。配合活動身體肌肉來記憶的方式，能讓提高記憶的紮根率。原因在於，手寫輸入資訊的過程中，很難分神去注意周遭的事務和雜音，所以能專注將資訊輸入腦海中。

而且**手寫筆記也具備整理資訊的效果**。將資訊化為文字時，會運用到左腦的邏輯思考能力，使人能以冷靜、客觀的角度去檢視事務。更甚者，還能去思考什麼資訊最重要，以及必須傳達給他人的重點，判斷輸入的優先程度。

藉由一個有意識的書寫動作，就能產生上述效果，在你提高輸出品質的同時，也能進一步減少作業的時間。

6-11
提升作業效率

當你覺得文字輸入速度太慢時

善用語音輸入

目前能使用電腦或手機迅速輸入文字的人越來越多了。只要記好排列位置，不看鍵盤也能有效率地打字。而且像手機那種小型畫面，比實體鍵盤更適合平板的滑動式鍵盤輸入。

然後，如果想加快輸入速度，還有**語音輸入**這個選項，你只需要朝麥克風說話即可。我想一個人打字再快，也比不上語音輸入吧。**雖然語音輸入仍需要花時間修改和校對，但速度仍遠勝於用實體鍵盤和平面滑動輸入**。

五％的菁英中，有很多人會用手機的語音輸入功能來做備忘，而且對語音輸入日益進化的準確度感到驚訝。

我也很常使用語音輸入功能。事實上，本書有一半以上是靠語音來輸入的。

雖然會修正錯字及標點符號，但語音的輸入速度是壓倒性的快。多虧語音輸入的

協助，我才能在一年內完成十本商業書的內容（一本以八萬字計，相當於用語音輸入完成了八十萬字的內容）。

從辨識聲音到選字、自動輸入標點符號的機能等，我建議各位至少試過一次。隨著 Zoom 等線上視訊會議的增加，現在許多上班族都有自己的麥克風，所以不妨趁這個機會來嘗試看看吧。

6-12
提升作業效率

當你打算請人幫忙校對文章時
運用自動校正模式

工作上，不能將有出現錯漏字的文件交給顧客或廠商，而電子郵件和對話視窗中，也不能出現讓對方不悅的用辭。

話雖如此，逐字逐句一一確認也太花時間。為求提升作業效率，先放過錯字或漏字、迅速輸入內容才能迅速完成。假如每寫完一句就回頭檢查一次，肯定會拖慢整體的速度。

這時，不妨利用**應用程式來做自動校正**吧。像微軟的 Outlook 跟 Word 都具備文章校正與拼字檢查的功能，只要懂得活用，就能確實降低文字錯誤的機率。

而需要書寫大量的文章時，安排不同的人負責書寫和校對，才能提升效率。

事實上，我在出版過多本商業書後，目前只專心在寫作上，至於錯漏字的校對檢查，以及統一文體等工作，目前一律由線上助理代為執行。

假如我寫作時動不動回頭檢視原稿，然後小心翼翼地避免出現錯漏字，那麼

著作量大概連現在的一半也沒有吧。

菁英或許也會想請同事幫忙校對文件，但在公司這種組織之下，要請別人犧牲自己的時間來恐怕會有點困難。

這種情況下，就使用剛才介紹的**自動校正功能**或**付費的文章校對服務**吧。儘管後者的費用絕對不便宜，但考慮到親自處理或與同事交涉要花的時間，這份投資自然有其效果存在。

五%的菁英，會用正當的方式投資金錢和時間，來提升效率及產出。

6-13
資訊輸入

當你想邊轉換心情，邊學習新事物時
邊散步邊聽有聲書

趁著休息稍微活動一下身體，不僅能促進血液循環，也能促使大腦分泌多巴胺來維持情緒及身體的健康。

即便只是在工作之餘，找個空檔到辦公室和自家附近散步一下，就算是一種適度運動了。透過深呼吸將氧氣吸入肺部，得到提振精神的效果。

我也建議通勤時，在住家和公司的前一站下車，稍微步行一段距離。

五%的菁英中，有一些人會把散步當成通勤或回家路上的固定習慣。他們也提到，若是跑步，勢必得因為流汗而換服裝，進而提高執行的門檻。所以才選擇像步行這種穿日常服裝，就能輕鬆進行的有氧運動。

一邊聽喜歡的音樂一邊健走，能提振情緒帶來好心情。尤其是早上，在精神高昂的情況下上工，有助於加快投入工作的腳步。

當我們詢問菁英都聽什麼樣的音樂步行時，有人會開啟耳機的降噪功能，有人會放古典樂，甚至聽廣播的都有，選擇非常多樣化。

令人意外的是，居然有不少人會收聽有聲書。有聲書是由播音員或配音員朗讀提供的音訊服務，日本最多人利用的有聲書平台，知名的有 Amazon，以及 OTOBANK 的 audiobook.jp。現在也有選擇月費制的聽到飽服務。

菁英選擇有聲書的原因，在於同步進行有氧運動和學習時，能充分利用運用「身體記憶」的機制，也有人表示「這麼做能迅速將書籍內容輸入腦中」。

另外，許多菁英會以一・二～一・五倍的速度來聽有聲書。還有人說：「稍微加快播放速度，更容易專注聆聽記入腦中」。總覺得對菁英而言，聽有聲書本身不是目的，而是為了有效率地輸入知識，將之運用於日後的行動中。

抽空休息邊做有氧運動恢復精神，邊整頓身心狀態，再透過聆聽有聲書，有效率地輸入資訊、滿足對知識的追求，小歇片刻後更能全力衝刺工作。

6-14
資訊輸入

當你沒有時間卻想看影片時
使用倍速播放功能

我建議觀看影片可採用倍速播放功能。有越來越多企業，以社內講座或研習方式，提供員工接受線上學習課程，課後可再觀看課程影片來複習。

即便如此，一旦忙起來就很難抽出時間觀看影片。這就如同一個人學完後沒有牢記下來、身體力行一樣，即便參加了線上培訓課程，只要你沒有好好複習、應用在自己的業務上的話，等於白費力氣了。

所以很推薦各位用倍速播放的方式來觀看影片。**只要用電腦或手機的應用程式，就能以自己喜好的速度播放線上課程。**就跟邊走邊聽有聲書（參考上一節）一樣，你可以用一．二～一．五倍的速度一口氣聽完。這樣除了能在短時間內看完，**而且以倍速觀看更容易加深記憶。**

菁英之中，有一些強者會先用兩倍速觀看，第二次則用一．五倍速度重播。

透過改變播放速度對大腦施加壓力來加深記憶。

關於倍速播放功能，有下列幾項方法：

①使用瀏覽器進行倍速播放。

②下載影片後進行倍速播放。

③如果是Microsoft 365的使用者，則使用Stream播放。

④透過OneDrive或SharePoint進行倍速播放。

以上內容可以上網搜尋詳細的操作步驟，請務必試用看看，找出適合你的倍速播放方法。

6-15
資訊輸出

當報告進展得不順利時
利用「間隔」改變氣氛

所謂的輸出，是指將輸入的內容加工編輯成可以傳遞給他人的訊息。其目的不是單純展現所學，而是如何以此來促使對方採取行動。如果想讓對方按照自己的想法行動，該怎麼「輸出」最有效呢？就讓我以簡報為例，來具體介紹一下吧。

簡報時要記得，比起語調快速，在陳述之間留下適當的間隔，對方會更容易吸收你想傳遞的內容。

只要觀察五％的菁英上台簡報，會發現他們懂得用聽起來流暢舒服、帶點餘裕的語調來吸引聽眾。當他們使用 PowerPoint 來簡報時，也會在切換投影片後，先停頓一秒左右再發言，讓投影片及話題進行切換同步。

但要注意的是，**PowerPoint 切換投影片後的間隔停留一秒最為剛好；如果沈默三秒，便會讓停頓化為不安；五秒的話，便會轉變成恐怖**。菁英都十分清楚這種時機的重要性，所以絕對會避免製造這恐怖的五秒沈默。

話雖如此，簡報途中還是會經常出現一些問題，比如電腦當機、投影片無法切換、會場突然產生噪音和巨大聲響、或者展示產品時忽然無法正常運作等。即使遇上突發狀況，菁英也會留心要一**邊運用手勢、一邊進行陳述**。比方說，如果突然出現什麼聲響，就以口頭描述發生的狀況來讓場面恢復平靜；投影片無法順利切換時，也會口頭說明「因為投影片無法切換，請稍後一下」。

只要把自己訓練成如同進行實況轉播的主持人，將眼前事物說出口，就算遇到突發狀況也能臨危不亂吧。

6-16
資訊輸出

當你覺得難以傳達自己的想法時
記住三種三秒肢體動作

因新冠疫情而滲透職場的遠端工作模式影響下，許多人深受線上溝通所苦。下面就是發生在各家公司的狀況。

「明明見面就能說通的事情，卻得在線上會議或對話視窗中傳達。」

「這個、那個說到最後，已經搞不懂是在說什麼了。」

「線上會議時開鏡頭的人不多，結果因為過度在意讀不到彼此的情緒，而減少發言了。」

菁英會為了在這種情況下也能和他人順利溝通，而去嘗試各種方法。例如，在公司內部會議開場的閒聊中，找到彼此的共同點、分享感受後，再進入會議的主題。

此時最重要的是**非語言溝通——不訴諸言語，而是透過表情和肢體動作來傳**

達自己的意圖和感受。尤其日本大型企業普遍存在過度在意他人的現象，這往往會增加製作資料和開會的時間，所以很需要藉由閒聊，來減少不必要的顧慮。

接下來想介紹三種菁英都在實踐、非語言溝通的肢體動作。

第一種：**手指的動作**。

當我們說話時，只要在鏡頭前說話時一邊移動指尖，就會顯得情感豐沛，至少能讓對方知道我們沒有在生氣。如果試著在鏡頭前展現手指的動作，並讓畫面照到自己的臉和手，由於動作變得清晰可見，具有吸引與會者目光的效果。

然後，當我們想把話說完時，可以豎起手指表明主張，從而說服對方。

第二種：**頭部的動作**。

若想展現自己有認真傾聽對方說話，用力點頭是很有效果的方法，這點我也有在前作《共感團隊》中介紹。

菁英為了凝聚更多人的力量，會在自己發言或簡報時，上下擺動頭部，邊說話邊大動作點頭。他們認為「這麼做可以讓自己顯得很有自信，也更容易取得對

方信賴」。

第三種：**下顎的動作**。

除了上下擺動頭部，也能以收進或伸出下巴來表達自己的態度。像是稍微抬起下巴，可以讓對方知道自己不僅有在聆聽，同時也有在思考。反之，如果收回下巴，會讓對方知道你聽得很緊張。

雖然遠距工作容易給人打混，但只要我們開線上會議過程中，讓人看到自己專心聆聽的樣子，就能表達出自己的認真及熱情程度。

只要稍微動動手指、頭部和下顎，就能表現出自己豐富的情感，以及展示自己認真傾聽或思考的態度，若做得好不僅能消除誤解，甚至獲得共鳴呢。

第7章

用團隊力量縮減工時的「ABC按鈕」

——組織篇

7-1
最強的凝聚力

當你害怕被拒絕時
用「得寸進尺法」來拜託人

當我們記錄菁英的言行舉止並讓ＡＩ進行多變量分析後，發現這些僅占全體五％的菁英就連「拜託他人」的方式，都與一般員工極為不同。

九五％的一般員工在拜託他人之前，言語上面總是顧慮很多，所以會多次詢問對方的意向。

「我想你應該很忙，不過……」

「你有空的時候就可以了，再麻煩……」

「我想你現在應該在忙其他工作吧？」

儘管這類開場白是因為不想冒犯他人，但有時候顧慮太多，反而會讓對方更加不快。不論是委託方或被委託方，過度在意都會拉低雙方的工作效率。

另一方面，菁英拜託他人的方式很簡單。但這不代表他們拜託人時，毫不在

意對方感受。**而是會貼心地以不造成對方不快為前提，進而順利取得對方協助**。

為了驗證菁英的委託法的是否能複製，我們以二十九間合作企業為對象，進行了行為測試實驗。

我們請接受實驗的對象，以A與B兩種模式來拜託人，調查「哪一種請託方式的接受度更高」。所準備的兩種模式如下：

〈模式A〉直接拜託對方：「請幫我整理資料。」

〈模式B〉先詢問對方：「可以借我五分鐘嗎？」再接著拜託：「請幫我整理資料。」

結果顯示，在二十九間企業中有二十七家表示，用模式B拜託人得到回應的機率，比模式A高出二〇%以上。雖然依據不同狀況或委託方的可信度等，而有許多影響結果的變數，但複製的成功率算是挺高的吧。

當我深究其中的理論基礎，發現**行為經濟學中有一個專有名詞「承諾與一致性原則」**。所謂的承諾與一致性原則，意指人們想要「保持行為一致性」的心理

機制。

以上述的實驗為例，有人問你：「現在方便打擾一下嗎？」時，在你答應的當下，代表你已經站在「有意願幫助對方」的立場上。因此，若你拒絕對方「幫忙整理資料」的委託時，就無法保持「幫助對方」的一致性行為，甚至感到不舒服、產生不想拒絕對方的心理現象。

有一種活用這項心理現象的推銷技巧「**得寸進尺法（foot in the door）**」。方法是**先向請託對象提出一個小請求，因為要是你突然提出一個大請求，比較容易被拒絕**。只要對方接受能被立即滿足的小請求，之後就能進入正題。

我在前作《AI分析，前5%菁英的做事習慣》中也有提到，除了寒暄問候之外，菁英最常用的搭話方式就是：「**你現在有空嗎？**」。

本次的調查結果也顯示，若想讓對方樂意提供協助，這種招呼相當有效。

7-2
最強的凝聚力

當你希望團隊自發性地思考和行動時
五個原則，打造高自主團隊

接著想介紹一下由我們自己實際思考，關於一個自發性團隊會有的特徵。根據調查結果得知，這類團隊都有落實下面列出的五項原則。

而我身為一名團隊管理者，也覺得這項調查結果很有意思。老實說，儘管有一些頗感意外之處，卻讓我獲得更多覺察，如「原來我做了不該做的事」「本以為效果不錯，結果卻適得其反啊」等。

事不宜遲，馬上來為各位介紹如何用「五個原則，打造獨立思考、主動出擊的團隊」吧。

①歡樂&安心法則

我在前作《AI分析，前5%菁英的做事習慣》和《共感團隊》中，介紹過一項行為測試結果——只要精神上有安全感，即使是遠距工作也容易取得成果。

但我們也發現，單憑精神上的安全感來重現同等成果的機率很低。而且除了安全感之外，還必須結合「愉快」和「興奮」等要素。

歡樂&安心法則指的就是讓人對**交談這個行為本身感到愉快，而且「無論聊什麼都很安心」的心理狀態**。在針對二十二家企業的行為測試中，證實了這種愉快的心情能促進團隊合作，提高整個團隊的單位時間產出。

隨著科技工具的進化，即使是單獨個人也很容易做好事情，多虧於此，遠距工作也更能專注於作業上面。不過另一方面，也因為過度專注於個人工作，而忽略了團隊合作。一旦缺乏這種團隊力量，也會影響到成果。

由此可知，團隊成員有所互動更能拓展業務，如果再營造出讓人感到「有點歡樂」的環境，會更容易做出成果。另外，要是大家潛意識認為「跟大家一起做比自己一個人更有趣」的話，就可以防止一人作業的弊端——孤立化。

為此，眾人聚集在辦公室工作時，訂定一段**「點心時光」**會很有成效。

所謂點心時光，是指團隊成員在共享的零食區邊聊天、邊吃點心的時間。比方說，可以安排兩次讓同事聚在一起吃點心的固定時間（如：早上十點半及下午三點），先訂定好時間會比較容易實施。

隨著大家聚在一起吃點心，就能自然地展開笑容、散播歡樂情緒。如果是遠距工作，也可以安排個五～十分鐘的點心時間，大家一起在線上胡扯閒聊也很不錯吧。

這種**「有點歡樂的時光」可以防止同事之間的孤立，培養「若遇到什麼困難，可以坦承述說的關係」，減少因過度謹慎而增加開會或製作資料的時間。**

②否定＋替代方案的組合

在團隊會議上，有時候會出現發言與事實有所出入，或和自己想法不同的狀況。不過，如果你一昧否定，只會造成現場氣氛凝結，讓人很難表達意見。

為此，請試著遵守**「否定時，要提出替代方案」**的原則。

基於這項原則，即使你的意見與對方不同，被否定的一方也能從不同的角度來看待事件，而不至於感到不快。

只是單純的否定，和發牢騷沒什麼兩樣。你應該能輕易想像到，一場盡是互發牢騷的會議有多無濟於事吧。所以開會時營造出一種能提出各種想法（包括替代方案）的氣氛，會更有工作效率。

如果提出替代方案的大前提是與成員們分享，大家也會有意識地將負面意見轉化為積極想法，團隊也能繼續保持保持歡樂&安心法則。

③幫助成員獲得加分評價

歐美風行的「職務型（Job）雇用」制度，近年逐漸滲透長年採用「會員型（Membership）雇用」制度（終身雇用、年功序列）的日本企業。也就是說，公司在招聘時會詳述職缺內容、明確定義工作職責。這種招聘形式，由於有明確定義和定量化職責範圍，所以更容易進行績效評價，而且比起努力過程更重視成果產出。

儘管職務型雇用制度比較重視個人成就，但為了達成團隊目標，領導者必須在個人和團隊業務之間取得平衡，營造團隊合作的文化。

但是，如果團隊合作無法成為個人績效，即便下達「請成員互相協助」的指示，也沒辦法將這項文化扎根。

就算有熱心成員願意指導後輩，或徹夜幫助有需要的成員，倘若沒有評價合作方面的制度，也只會是暫時的現象。

為此，導入**「幫助有困難的成員會加分評價」**的考核制度是有益的。

雖然改變整體的人事考核制度需要花點時間，但如果由領導者親自宣布考核政策，成員就能安心展開新的行動。

這種加分評價制度，不僅可以加深團隊合作，也代表「公司不會單純以個人成果來評價」。團隊成果不是只單靠個人成果來累積，**如果少了「每個個體互相配合，讓團隊成果最大化」的態度，共同作業將無法順利進行。**

啟動一個專案時，要讓成員朝目標邁進之餘，擁有「幫助他人等於幫助自己」的共識。就算有人質疑「該幫什麼忙？」也沒關係。因為**只要有應該伸出援手的意識存在，遲早會轉化成主動出手協助的行動。**

我們將這個制度導入一百七十九家企業進行行為測試後，足以證明在強化人際關係的同時，也讓目標最大化的文化在團隊中扎根了。

我過去所任職的微軟也有相同的制度。像微軟這種全球化企業，就是很典型的職務行雇用制度，由於職責十分明確，所以比較欠缺團隊的協調性。

因此，薩蒂亞·納德拉（Satya Nadella）於二〇一四年接任CEO時，制定

了名為「**幫助他人（Help Others）**」的考核制度。

顧名思義，**就是一項藉由幫助他人來獲得正面評價的制度**。微軟主要有三項考核標準，第一項是績效考核；第二項是基於個人工作職責的承諾考核；第三項則是幫助他人的考核。

為了將員工幫助他人的表現視覺化，微軟內部有一個名為「Kudos」的程式。Kudos在希臘語中有「讚賞、讚許」之意。當你受到幫助且想要回禮時，可以用Kudos發送「感謝訊息」，而幫助你的人和其上司就會收到這條訊息。主管則會確認Kudos程式，將之視為評斷下屬（考核對象）如何幫助他人的依據。

我認為微軟現在之所以會有良好的成績，是建立在這種提升個人成果的同時，也幫助他人的文化之下。

④不以成功爲目標

雖然朝目標邁進很重要，但過多壓力會導致皮質醇（俗稱壓力荷爾蒙）在腦內擴散，阻止人們採取行動。畢竟若失敗的代價太高，反而讓人想要躺平。

為了建立一個具有挑戰力和共創力的組織，就必須允許失敗，予人下一個機會，也就是「第二次機會」。只要有第二次挽回的機，成員就不會被過度的不安淹沒，改以積極心態持續前進。

⑤減少與主管之間的接觸

用ＡＩ針對大量數據進行分析的過程中，發現許多令人感到意外的事情。

其中之一就是，**「運作順利的團隊中，主管和下屬之間少有接觸」**。

有一份數據顯示，主管會充分支援下屬，或者下屬遇上難題時會毫不猶豫請示主管的團隊，能夠持續取得成果。所以，我一度以為上司和下屬應該頻繁進行交流。

不過，當我們比較「運作順利的五％菁英團隊」和「運作不順的九五％一般員工團隊」之後，發現前者的主管和下屬之間，整體接觸的時間很短。

這不代表菁英團隊的主管和下屬很少交流，而是兩者進行一對一談話後的執行率高達一〇〇％。

進一步深入調查後，我們發現菁英團隊的主管和下屬接觸頻率，比進展不順

的團隊高出三・七倍，但因為**每一次接觸的時間都很短**，所以全部加總起來比一般團隊少。

由於有這種定期交談的環境，才不至於讓人難以搭話。運作順利的團隊使用：「你現在有空嗎？」來搭話的頻率，是運作不順團隊的八倍以上。

換句話說，運作順利的團隊儘管會**「進行定期且高頻率的交流，但談話時間都很短」**。

關於如何與下屬交流，我們進行了追加訪談，結果發現精細化管理——微觀管理，會降低下屬的工作效率。

當主管很在意進度，為了安心會試圖確認所有細節。然而，這種「安心的代價」會轉嫁到下屬身上，導致降低團隊整體的產出。像是每次報告時都必須彙整資料；為了證明自己沒有偷懶，每個人要在小組會議上呈報等，某些組織甚至會將這些要求常態化。

另一方面，運作順利的團隊，無論是彙報資料或內部會議都很少。

由於上司與下屬之間互相信賴，所以會將達成目標的執行交由下屬負責。這

種信賴關係，讓下屬在執行不順利時，會據實以告、不刻意隱瞞；上司也不會因為焦慮而增加書面資料與會議的數量。

以信賴為基礎，賦予成員自由和責任，如果成員願意公開各自的進度，便能以最低限度的對話來共享彼此的狀況。

運作順利的團隊，並非消除上司與下屬的接觸，而是將其控制在最低限度，建立和維持彼此的合作關係，以利完成目標。

有一個實驗結果證實，與上司的接觸時間最容易累積壓力。即使上司與下屬有必要保持交流，但要留意保持在最低限度才不會給下屬帶來壓力。

只要明白能將上司的接觸，控制在最低限度的組織是健全的，在不減少對話頻率的狀況下，以信賴關係為基礎進行交流是上上之策。

7-3 最強的凝聚力

當你覺得「公司會議太多」時

三個動作，縮短會議時間

我們以企業客戶的十七萬員工為對象，以「你一週花多少時間、做了哪些工作？」為題進行問券調查。

結果發現，他們有四三％的上班時間都耗在公司的內部會議上。

所以我們針對各企業的內部會議，進行了為期三年半、總計一・九萬小時的影像分析。很遺憾的是，其中有**三七％都屬於沒有成果產出的會議**。換言之，超過三分之一的會議沒有達到當初預期的目標。

在分享訊息的會議上，參加者若不認真聆聽就達不到開會目的；在腦力激盪（brainstorming）會議上，若欠缺暢所欲言的氣氛就難以集思廣益。另外，我們還看到只是出於過度擔心或莫名不安，為了開會而開會的案例。從數據分析中，我們也能確定這種會議不會帶來任何成果。

這種內部會議對縮短工時帶來的妨礙自是不言而喻。

那麼，該怎麼做才能縮短開會時間？我們訪問了成功企業的菁英，找到了三個解決方法。

雖然都是很基本的事情，但若不堅定執行，就會佔用到所有與會者的時間。

①使與會者甘願參加

菁英並不指望與會者有積極性。我們得知多數與會者因為忙得要命，只能不甘願地參加，然後找一張椅子坐下才是目的。

事實上，以線上會議來說，有四一%的人從事與會議無關的工作，也不會仔細聆聽會議內容。我們以匿名方式詢問相關人員後，發現主要是他們本來就不知道開會的意義和目的。甚至有人以為「開會只是為了召集大家」。

為了避免這種與會者出現，事先貫徹以下事項很重要：

- **讓與會者了解會議的意義和目的。**
- **明確分配與會者的任務。**
- **表明開會的目標。**

只要能在會議通知郵件中加入這三點，便能大幅度減少會議時間和失敗率。

②別讓上司負責主持

我們進行會後滿意度調查時，發現有六二％的與會者回答「不滿意」或「有些不滿意」。而感到不滿的主要原因是「沒有在時間內照著議程開會」，次要原因是「特定人士的談話太冗長了」。

深入追查何謂「特定人士」後，我們發現指涉的對象多為會議中的最高階主管。這類會議的狀況，通常是由主管級高層親自主持會議、話說不停，不時重覆相同的話……。雖然這些主管自認有順利掌控會議，但與會的下屬可不這麼想，反而出現不滿情緒。

說到底，如果只是上司單方面發言分享訊息，實在沒必要把大家聚在一起開會。另外，如果會議目的是討論某事，結果只有主管自己在講話；或者明明是為了一起做決策，結果只有特定主管自行主導做決定等狀況，其實都沒有特地召開的必要。

面對這些常見的會議問題，運作順利的組織會安排一位**中立的引導員（主持人）**來處理。也因為引導員立場是中立的，所以不會干涉決策，只負責貫徹自己的任務。

舉例來說，若會議是以討論為目的，引導人會為了讓與會者暢所欲言，而預留一些閒聊時間來炒熱氣氛，設法讓所有人回答問題。若會議是為了分享訊息，則會讓與會者輪流發言，並確認其他與會者是否有記住這些訊息。

引導員的職責就是透過掌握**「決策、氣氛、時間」**三點，來讓內部會議得到應有的成效。

上述的引導技巧，不僅適用於會議，也適用於與客戶之間的對應，或者是協調相關人員的安排等，是所有人都該學習的技巧。只要上網搜尋「會議、引導（facilitation）」即可找到相關書籍或影片，在短時間內學會基本知識。

③開會時完成會議紀錄

內部會議通常會留下會議紀錄，以便無法參加或新加入的人員，了解過去的會議內容。功能上，除了回憶開會內容，也能確保與會者採取行動。此外，還能避免浪費時間反覆討論相同的議題。

不過，整理會議紀錄太花太時間也是一個問題。曾有一個案例是，某公司為了確認所有與會者的發言內容，讓文件在各個部門傳閱了一圈，導致開完會的四

天後才完成會議紀錄。這種「謹慎又推延」的工作，菁英絕對不會去做。另一方面，如果確認過程中刻意刪除或變更發表內容，也失去了會議紀錄的目的。

有鑒於此，菁英會採取在開會過程中完成會議紀錄的手法。

像是將會議資料和紀錄一起分享在OneNote之類的電子筆記上，即時向與會者展示當下做的筆記。如果是開線上會議，就將每個議程的主要內容貼在聊天室裡，即時修正所有認知上的差異。

藉由即時展示會議紀錄，除了能在開會期間完成確認工作，也能防止胡亂修正的狀況出現。

調查結果顯示，如果在議事結束的同時完成會議紀錄，要求與會者行動的執行率會大幅提高。

會議紀錄的初衷在於正確記錄議事內容作為備忘錄，並且拿出行動落實決議的事項。請務必試著達成上述兩個目的，並在短時間內即時完成會議紀錄。

7-4
避免溝通誤會

當你想阻止在開會時脫序的上司時
用三明治認同法，打斷冗長發言

有不少主管習慣同一件事情一說再說，這種行為導致大多數的會議時間被特定人士耗盡，無法完成預訂的議程。儘管當事人是出自好意，因為不清楚與會者是否有在聽、是否有聽懂，才再三重覆相同的發言。

再來是線上會議，由於只有二一%的人會開啟視訊，在看不到與會者反應的情況下，也無法得知對方的理解狀況，才會再三複述同樣的說明。

五%的菁英懂得用**「三明治認同法」**這個技巧，來掌控停不下來的上司。

具體做法如下：如果會議中有人說話冗長，首先可用一句：「謝謝您的發言」來認可對方，接著表達：「只是因為時間只剩下五分鐘，請先繼續下一個議題吧」。最後再次認可對方的發言：「謝謝您（的合作）」。

阻止會議上脫序發言的「三明治認同法」

①認可，向對方說「謝謝您的發言」。

②請求，向對方傳達「由於時間只剩下○分鐘，請讓我們先繼續下一個議題」。

③認可，「謝謝您（的合作）」作爲結尾。

與其一味請發言者「請盡快說完」，不如用「謝謝」的三明治認同法來請求對方，會更容易達成你的要求。

這個方法也在三十九間實施行為測試的企業中，獲得了充分驗證。

7-5
避免溝通誤會

當你接下太多任務而忙不過來時
圓融拒絕的三個技巧

無論是到公司辦公或遠距工作都能持續端出成果的團隊，被別人詢問：「你現在有空嗎？」的機會，是其他組織的四倍以上，這也是團隊有維持良好互助關係的證明。但有時候也會遇上自己太忙，而無法立即回應請求的狀況。假如沒辦法幫忙卻勉強接下請求，對雙方的關係都會產生負面影響。

五％的菁英都很擅長圓融拒絕的技巧。在分析過他們的言行舉止後，我們整理出三種拒絕方式：

①設法延期

遇上無法立即回應「你現在有空嗎？」的狀況時，菁英會提出類似**「兩小時後再處理可以嗎？」**的替代方案，用這種方式溝通，來讓對方坦然接受自己的工作狀況。

②徹底拒絕

但有時候也會碰到錯開時間也無法處理的情況。這時菁英不會貿然用單純的「不行」來回應，而是**清楚說明的理由**來好好拒絕。

舉例來說，向對方表示：「我明天必須提交一個設計案，所以今天沒辦法處理。」拒絕時若以「有其他更緊急的工作必須處理」為由，那麼被拒絕的人也不至於因為「提出讓人為難的請求」而背負莫名的心理負擔，確保雙方日後還能保持輕鬆互助的關係。

除了緊急程度，有些情況也能用工作的重要程度來巧妙回絕。

「我現在的目標是讓業績成長一．二倍，所以很抱歉暫時沒辦法再安排其他的工作了。」先強調自己強烈的信念及目標，取得對方認同後來拒絕的手法。

③介紹其他適當人選

當情況不是「自己忙到無法接受」，而是確信有其他人能提供更理想的協助時，可以使用這種方式來回絕。

擅長展現自身弱點的菁英，會明確讓人知道自己做不到的事情。他們很清楚

一旦勉強接下自己辦不到的請託，對雙方來說都不是一件好事。

這時菁英用**引薦他人**的方式，來與委任方維持良好的關係。

不只是單方面傳達自己不適任的事實，而是進一步介紹其他人選，對方就不至於感到不悅。

拒絕是一門很重要的學問。

但為了維持互助互信的關係，換言之，能夠互相探問「你現在有空嗎？」的關係，就需要站在對方的角度，來思考最適合的拒絕方式。

像是以延後完成作為替代方案，清楚根據緊急度或重要程度為由來拒絕，或者提出自己的信念與熱忱，都能成為拒絕的理由。甚至介紹更適任的人選，都能避免對方心生不悅，找出雙方最有效率的解決之道。

7-6
避免溝通誤會

七種有效共鳴&附和技巧

談判或一對一溝通時，如何探聽對方的想法

附和，是最具效果的非語言溝通技巧。

有意識的讓對方看見你用心聆聽的模樣，能提升對方的談話熱忱。而且為了探聽到對方的見解與真心話，你也必須在談話中展示自己充滿好意的態度。

以五%的菁英領導者來說，他們與部屬的一對一開會時，會以「**讓對方說七成話**」為目標，而非單方面傳達自己想說的話。抱持著對下屬感興趣的態度聆聽，讓對方說出自己關心的話題，藉此培養出良好的雙向關係。

我們整理了超過一．九萬小時的會議資料，並針對「**五%菁英的獨到傾聽法、九五%一般員工不會用的聆聽法、五%菁英共通且常用的傾聽法**」三點進行分析，並從中得出七種獨具效果的回應技巧。

我在一年舉辦約五十場的管理職研討會上，介紹了這七種附和與共鳴技巧，

避免產生誤會、向對方傳達想法

七種有效的共鳴&附和技巧

①表達自己的感情：「感嘆詞」＋「同意、認同的話語」

例）說完「嗯～」一秒後，再用「原來如此」來做結尾。

②表示同意對方：「肯定」＋「感想」

例）「就是說啊，我就覺得你應該蠻高興的。」

③認同對方的知識量與觀點：「意外」＋「感想」

例）「真令人意外，我都不知道這件事。」

④讓附和富於變化，更能讓人感到自己傾聽的誠意

例）「是啊」「嗯」「喔～」「原來如此」

⑤讓人對你留下印象：「口語」＋「肯定」＋「口語」

例）「原來如此，真的是這樣呢。也太厲害了。」

⑥讓對方心頭一驚：「評價」＋「主詞倒置法」

例）「很棒呢，這種改善方法。」

⑦重視過程跟努力，而非只看結果

例）「要不是有○○在，我們也沒辦法完成這麼困難的交涉。」

而且有學員在實踐後給了下面的回饋：

「原本常休假的部屬，在談話後恢復了精神。」

「終於能輕鬆跟之前話很少的部屬聊上幾句了。」

「在三六〇度績效回饋（360-degree feedback）中，部屬都給了好評價。」

甚至有位主管特別寄了一封感謝信，表示「原本精神狀況不太穩定的部屬，現在已經恢復精神回到工作崗位上了。」

如果用於原本關係就不錯的對象，或附和他人時表現得太過誇張，效果可能會大打折扣。但如果用在雙方都有意建立良好關係的情況，就會別具成效。請務必善加運用。

7-7
避免溝通誤會

當你想提振對方心情的時候

對方的好處，提早五分鐘想好

溝通的本質，在於使對方依照自己的想法來行動。因而菁英在提議時，會優先思考對方能有的好處。

只考慮自己的好處，將難以得到別人的支持。但若一昧強調對雙方都有利，卻在分配工作時讓對方負擔過重，對方很容易產生「被迫提供協助」的誤解。

有鑒於此，**菁英會先舉出對方的好處再吸引人加入**。若以居高臨下的態度直接點明好處，容易引起不必要的反彈，所以有必要先釐清對方特別關心、感興趣的話題。

為了達到目的，菁英在一對一會面或與客戶談話之前，都會充分站在對方的角度思考。

對方現在面臨什麼樣的狀況……？

對方會因為什麼感到高興……？
對方的痛點是什麼……？
對方想做卻無法實現的事……？
旁人都如何評價對方……？
事前五分鐘想好這些問題，然後把想跟對方說的話或提問寫成筆記。

菁英深知，「當人們感到別人特別重視、關心自己時，就能增加工作上的動機」。所以與人對話時，不要只是為了說話而說話，而要設法透過交談來展現出對對方的興趣。

即使直接對人說：「我喜歡你」，也很難單憑這句話來打動人。一個人若有真心想要的東西，一定會先做足調查或親赴現場查看。**而菁英會在交流前做好萬全的準備，好向對方表達自己因感興趣而採取了行動。**

不過，也沒必要總是為對方著想。只需要在交流前撥個五分鐘，站在對方角度思考或回顧一下就夠了。

只要站在相同立場客觀地看待對方，對方也能獲得「意想不到的覺察」。一

旦出現這樣的機會，便能得到對方的信任，進一步建立提升業務處理效率的夥伴關係。

從縮短工時的角度來看，這種夥伴關係也獨具意義。

如果你因為煩惱而掛念，會導致工作效率低落、單位時間產出下滑。這時要是有個能商量煩惱的好夥伴，問題就不難解決了。

一個人獨自苦惱，很容易陷入負面思考。所以有一位能幫你客觀審視自己的夥伴，足以讓你擺脫沒必要的不安。

7-8
推動專案

當專案停滯不前的時候
以五人爲一小隊來活動

近年來，為了解決整個公司的課題，而組成跨部門的專案小組的企業在逐漸增加。日本的勞動方式改革即為其中一例。

日本政府想藉由降低加班時數來改善勞工的離職率，進一步提升營業額和盈餘，而提出了一連串改革方案。但這種大型政策，無法單靠少數部門來完成，所以必須從業務部、研發部、總務部、經營企畫部、製造部，甚至新進員工中選出成員，組成專案團隊來解決這項課題。

特別是員工超過千人的企業，部門之間的合作不可或缺。很多大型企業因為組織的階層構造不斷進化，幾乎每年都要建立新組織，而這種企業無法仰賴特定部門，來努力尋求整間公司的最佳解方，因而需要跨部門的團隊來協助。畢竟，不論是無紙化作業或普及數位應用工具，都無法靠單一部門來擴及整間公司。

不過，光是組成跨部門的專案團隊，也不能真正解決問題。

我們曾協助超過八百家企業進行勞動方式改革，其中有八四％的企業，都因為**「明明組成專案團隊了，還是難以推動改革」**類似問題來尋求協助。

建立專案團隊本身已相當累人，而且就算把人招來了也可能毫無進展。確實，要求各部門的成員在有限時間內，積極協助、執行與本業落差很大的專案內容實屬困難。在很多案例中，即便成員最初認同專案目的，也極有幹勁，但最後往往因為業務繁忙而減少活動參與度。

反觀專案運作順利的企業，大多會**在專案團隊中依照主題，建立不同分隊來推進活動**。

比方說，將負責會議改進團隊，劃分為促進業務自動化小隊，以及在傍晚召開改善學習法的激勵讀書會小隊。

重點在於，各小隊的**成員要限制在五人以內**。因為一旦超過八人，勢必會出現「稍微偷懶一下也無妨」，心態隨便（社會性懈怠）的隊員。歐美的跨國企業組成專案團隊時，也建議以七人為上限。一般認為，超過八人的團隊很就容易衍

生成員「社會性懈怠」的狀況。

但「七人為上限」的規則，並不適用於日本職場。

歐洲工商管理學院（INSEAD）客座教授艾琳梅爾（Erin Meyer）在其著作《文化地圖》（好優文化出版）中提及：「日本人會仔細揣摩話語前後的文脈，邊觀察對方的喜怒哀樂邊進行談話」。換句話說，日本人習慣「配合現場氣氛來對話」。但察言觀色的溝通，必須從簡短言詞中解讀用詞的意義和對方的心理，所以一旦需要溝通的人數增加，困難度也會跟著提升。因而要以最少的成員來進行活動，才能達成有效率的對話，培養真誠相待的良好關係。

以我個人一年舉辦二百次以上的團隊研習經驗來說，會建議**「一個小隊的成員，要控制在五名以內」**。

7-9
推動專案

感到團隊成員士氣低落時
打造相互激勵的環境

假如能建立一個能防止社會性懈怠、專注於共同作業的環境，下一步就是打造**能持續推動作業的機制**。單憑個人熱忱的話，工作表現會不夠穩定，所以有必要提振整體團隊的士氣。

從針對一千八百人進行的行為測試中發現，專案成員若能用數位應用程式，將各自的任務視覺化，所有人會因為看見其他成員的進展而受到刺激，形成良性的作業環境。

團隊成員只要把進度簡單輸入專案管理工具中，然後一天確認兩次整體的進度，就能大幅降低成員放棄作業或退出的機率。

一旦成功在專案成員之間營打造出良性刺激的環境，接著要**建立能與其他專案團隊相互刺激的機制**。

若想達成這個目標，就要整頓出一個即使負責不同主題，團隊之間仍能相互競爭的環境。與團隊內部良性刺激的原理相同，只要各個團隊都將進度視覺化，就能達成相互觀摩的效果。

雖說是競爭但不是指火花四射的那種，而是「看看其他團隊的進度，我們也不能輸人！」這種些微刺激所衍生的競爭心理。

藉由相互觀摩「進行到什麼程度」，會更進一步產生全新向上的動力。而且只要進度超越其他團隊，就能提高內部成員的凝聚力，維持高度熱忱面對工作。

由於是團隊較勁而非個人競爭，除了能塑造出互助合作的精神，成員間也能抱持著「就算自己失敗，還有其他值得信賴的夥伴會幫我完成」的想法，而以積極心態面對工作上的調整。

透過進度視覺化，可以為團隊內部及團隊之間帶來適當的刺激，打造出必須行動的環境。此外，團隊較勁也能強化成員間的信任感，使目標更容易達成。

7-10
推進專案

狀況頻發，讓事情法依計畫進行時
安排一位負責指導的教練

要讓專案完全按照計畫進行是不可能的任務。

我協助過的七百一十三家公司，總計超過三千件的專案中，沒有遇到任何問題，完全按計畫推動的專案，僅占整體的三．一%。

所以必須以計畫無法按預期執行為前提，建立**中途修正（修復）的機制**會更容易成功。

最有效的方法，就是**在各團隊中安排一位具「指導」能力的教練**。所謂的教練，不是教導眾人答案，而是引導眾人找到解答的協助角色。

推進專案前，不妨先從決定擔任教練這個要角的人選開始。比方說，假如是新人負責的專案，就任命有十二年豐富經驗的前輩來擔任教練；如果是人事部門的專案，則改由其他部門（如：開發部門主管）來擔任教練；如果是公司內跨部門的大型專案，可尋求公司外部相關經驗者的建議。這樣的安排，會讓專案運作

起來更順利。

教練的責任，在於建立能夠自行運作的組織，所以單方面傳授個人心得理論，是最不可取的行為。基本上，應該讓成員保有獨立思考的空間，只在進展不太順利時，從旁提供解決建議。

然後，要避免參與決策，而是以第三者的客觀立場來協助團隊的行動。為此最好事先排除多管閒事，或者老愛提當年勇的人選。

只要有教練存在，即使團隊不小心往負面方向發展，也能在第一時間提出異議，協助成員突破現狀。

結語　開始、持續和自覺

總是在期限內完成工作的「五％菁英」，他們的工作技巧其實出乎意料的簡單，重點只在於「開始、持續與自覺」。

或許聽起來太理所當然，而讓讀者感到很失望。但這些都是ＡＩ分析導出的結論，菁英正因為堅守這三項原則，才能與九五％一般員工有所不同，以最高效率得到成果。

我們公司 Cross River 不只負責調查，也會運用調查得到的洞察，對十七萬名企業客戶的工作人員進行行為測試。這麼做目標不在於調查，而是藉此讓所有人的行動模式產生變化。然後，本書也不單是羅列出五％菁英的共通點，而是從那些共通點中，嚴選出多數上班族可以仿效的方法。

正因為我過去曾在四間國內外企業工作過，所以深知要在不同公司發揮自己的能力有多麼困難，因而想藉由本書，歸納出讓更多人借鏡的高效工作術。

假如對書中的調查資料存疑，或無法信任ＡＩ分析的結果，成功重現五％

菁英時間術的可能性很低。

認為自己「不用成為菁英也沒關係」的想法，也會成為阻礙你去嘗試的要因。但是，不去行動你什麼也得不到。與其心想「一定辦不到」而不採取行動，不如「試過了但沒成功」會更有意義。

人只要失敗過一次，就會為了不再犯下相同錯誤而修正行動。調整做法後，便能降低失敗機率。一旦失敗機率下降，代表離成功更進一步。

比起不斷發牢騷也不採取行動，先實際行動後再來抱怨還更較有收穫。

我當初原本想在蒐集更多資料、進行更多元的分析，再將結果集結成冊。但旋即想到，就算花了大把時間分，也不見得能增加讀完後將之轉變成行動的人，所以最後決定以七成左右的數據和分析來提出假設，並推動行為測試。

為了因應變化劇烈的社會，即使花時間累積樣本數，獲得的資訊也可能轉眼就過時了。於是我決定在汰舊前，與企業客戶一起透過實驗來得到活的數據。

付諸行動的關鍵，無關意念而是來自變化。

所以我想若在書中提供五%菁英實踐的時間術，或許能激起讀者覺得照著做可能會有所改變的好奇心，才會堅持收集和記錄這些行為測試的數據。

以相同的建議為例，比起勸人：「上健身房可以減肥喔」，不如改說：「上健身房兩個月可以瘦下三公斤喔」更能激勵人採取行動吧。

各家企業得到前五%人事評價的頂尖菁英，就懂得站在對方的立場，選擇能打動人的說詞。讓說出口的話，傳到對方心坎裡。

書也是一種溝通手段。

我打從心底盼望不再有人重蹈我當年的覆轍，深陷無法擺脫的加班泥沼中，甚至罹患憂鬱症。也真心希望讓更多人明白這份心意與解決方式，從此掙脫痛苦的狀況。不過也請別在看完書中技巧後，想憑著一股衝勁「全部試試看！」如果試圖一口氣舉起重物，都很容易損壞身心狀況。

只要用一點點努力，以輕鬆的心情一步一步改善，行動才能長久持續下去。先從一個開始，慢慢尋找最適合自己的時間術來嘗試。只要讓習慣生根，就能加快初步行動的速度。

別再持續追求高風險、高報酬的魔法了。重點在於，建立用累積低風險、低報酬來得到成果的行動架構。這麼一來，不只是今天，你終身都能運用這套短時間完工技巧，從被時間追著跑的生活畢業，享受能自由掌控時間的生活。

我真心相信只要專注在能獲得成果的重要事物上，立刻著手修正軌道、用最短距離實現目標，那麼地球上的所有公司都能週休三日。即使週休三日，只要拿得出更好的成果，就沒必要降低員工的報酬。

就算週休三日，只要業績沒有下滑，經營者跟股東也不會出言抱怨。像我從前那樣工作到搞壞身體的人也會減少了吧。由於少子高齡化影響，而必須居家照顧親屬的人也能兼顧工作了。

高效完成工作，無論站在員工或企業角度，甚至是社會整體的立場，都得以更寬裕地享受生活。

為了實現這樣的世界，我主動辭去微軟的管理職務，成立了自己的公司。

「More with Less」（以最少時間，達成更多事情）

這是我最喜歡的一句話。

期望本書的出版，能協助各位改善行動模式，掙脫辛苦的現況。

越川慎司

國家圖書館出版品預行編目(CIP)資料

5%一流人才的超效時間術 / 越川慎司著 ; 林佑純譯. --
初版. -- 新北市 : 幸福文化出版社出版 : 遠足文化事業
股份有限公司發行, 2023.08
面 ; 公分. --(富能量 ; 70)
ISBN 978-626-7311-22-6(平裝)

1.CST: 時間管理 2.CST: 工作效率

494.01 112007454

5%一流人才的超效工作術

——用最少努力，做出最大成果

作者：越川慎司
譯者：林佑純

責任編輯：高佩琳
封面設計：FE 設計 / 排版：鏍絲釘
總 編 輯：林麗文
副 總 編：梁淑玲、黃佳燕
主　　編：高佩琳、賴秉薇、蕭歆儀
行銷總監：祝子慧
行銷企劃：林彥玲、朱妍靜

法律顧問：華洋法律事務所 蘇文生律師
印　　製：漾格股份有限公司

初版一刷：2023 年 8 月 2 日
定 價：400元 / 書 號：0HDC0070

出　　版：幸福文化 / 遠足文化事業股份有限公司
發　　行：遠足文化事業股份有限公司
（讀書共和國出版集團）
地　　址：231 新北市新店區民權路 108-3 號 8 樓
郵撥帳號：19504465 遠足文化事業股份有限公司
電　　話：（02）2218-1417
信箱：service@bookrep.com.tw

ISBN：9786267311226（平裝）
ISBN：9786267311424（EBUP）
ISBN：9786267311417（PDF）

AI 分析でわかったトップ 5% 社員の時間術
AI BUNSEKI DE WAKATTA TOP 5% SHAIN NO JIKANJUTSU

TIME MANAGEMENT SKILLS
OF THE TOP 5% ACCORDING TO AI

AI分析でわかったトップ5%社員の時間術

5%一流人才的超效時間術

用最少努力，做出最大成果

前日本微軟執行總監
越川慎司 著
林佑純 譯